电工轻松识图

秦钟全 编

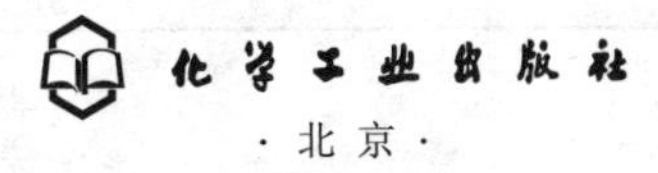

·北京·

图书在版编目（CIP）数据

电工轻松识图/秦钟全编. —北京：化学工业出版社，2015.6

电工名师秦钟全带你轻松上岗

ISBN 978-7-122-23432-2

Ⅰ.①电…　Ⅱ.①秦…　Ⅲ.①电路图-识别　Ⅳ.①TM13

中国版本图书馆 CIP 数据核字（2015）第 061788 号

责任编辑：卢小林　　　　装帧设计：王晓宇

责任校对：宋　玮

出版发行：化学工业出版社（北京市东城区青年湖南街 13 号　邮政编码 100011）

印　　刷：北京永鑫印刷有限责任公司

装　　订：三河市宇新装订厂

850mm×1168mm　1/32　印张 5¾　字数 136 千字

2015 年 7 月北京第 1 版第 1 次印刷

购书咨询：010-64518888（传真：010-64519686）　售后服务：010-64518899

网　　址：http://www.cip.com.cn

凡购买本书，如有缺损质量问题，本社销售中心负责调换。

定　　价：19.00 元

前言
FORECORDS

对于刚刚接触电路的电工，往往一见到电路图中的英文字母和各种图形符号及各种控制关系就会产生畏难情绪。其实，掌握电工常用电路知识并不困难，只要静下心来细心阅读本书中每一幅电路图的原理说明及动作分析，再亲自去实践一下，也许原来的想法就会改变。不亮的电灯，经过你的处理发光了；不能转动的电动机，经过你的处理转起来了；不会用的电器，看看说明书，对号操作几遍，这么简单！见多了，干多了，记多了，能力也就逐步提高了。

本书是一本实践性读物，是经生产现场采集、整理加工、实验及教学实践后编写而成的。本书着力于每个示例的详细解释。每个示例既是独立的个体，又是本书整体的一部分。每个示例都有其自身的特点，各个示例之间互为补充，既可以单独选读，也可以由前至后由浅入深地系统阅读。本书集学习、维修、教学需要于一体，既是初、中级电工自学的读本，又是检修设备答疑解惑的工具书，同时还是教学参考的可靠资料。如果是初学者，建议通读全书，定会无师自通。

书中电气简图所用的图形符号全部采用最新国家标准绘制，此外，书中还将实物图形与标准图形相结合来表达，目的是方便初学者尽快掌握电路的实质内容。从实践中来，到实践中去，再回到书本中，这样多次反复，既不脱离书本，又不脱离实践，使理论密切联系实际，不仅能学以致用、节省精力，而且还可以节约大量的时间。本书源于现场，服务于现场，是一本实用价值较高的参考书籍。

本书的编写力求精益求精。在电路原理说明中，尽量使用简洁的语言、易读的电路，使读者一目了然。对部分长期应用而认知概念模糊的电路，本书力求做出较为客观的分析，以帮助读者加深对应用电路的认识，抹去心中的疑惑。只要读者按照目录顺序，逐节细心阅读，领悟其中的道理，定会受益匪浅。

本书在编写过程中，秦浩、任永萍、刘欣玫、王敏芳、王骏、白秀丽、张学信、李红、李聚生、王林、张鹏、白璇、梁冰、韩冰、郭佳玲、信玉昊、贾凡、梁建松、赵亚君、蒋国栋、穆文军、张帆、张国栋等同志给予了热情的关心和支持，这里一并表示谢意。

由于水平所限，书中不妥之处恳请广大读者批评指正。

编　者

目录
CONTENTS

第六章 供电系统电气图 113/

Chapter 1

第一章 电气识图的必备基础

一、电气图中的文字符号

电气图是工程技术人员和现场施工人员之间交流沟通的桥梁，这张图上面有各种连接线、图形、文字符号，还有一些带注释的围框，还有的是一些简化的外形组成的图。

电气图对电工的日常工作是不可或缺的，可以说没有电气图纸，很多的工作都是没有办法完成的。

电气图表示了电路的工作原理和各种电气元件的功能作用，由于电气元件的种类繁多，所以在电气图中采用统一的文字符号来表示。

所谓文字符号就是表示电气设备、装置、元器件的名称、功能、状态和特征的字符代码。文字符号要标注在电气设备、装置和元件之上或近旁。

电气图中的文字符号是由基本文字符号和辅助文字符号两大部分组成，它可以用单一的字母代码或数字代码来表示，也可以用字母和数字组合的方式来表达电器元件功能和应用的数量。

基本文字符号的主要作用是表示电气设备、装置和元器件的种类，包括单文字符号和双文字符号。

1. 基本文字符号中的单字母符号

单字母符号是英文字母，将各种电气设备、装置和元器件划分为 23 大类，每一大类用一个专用字母符号表示，如“R”表示电阻类，“Q”表示电力电路的开关器件等，见表 1-1。英文字母中，“I”“O”易同阿拉伯数字“1”和“0”混淆，不允许使用，字母“J”也因容易混淆而不采用。

表 1-1　单字母符号所表示的电气种类含义

单字母符号	设备、装置和元器件的种类	所包含器件的种类
A	表示组件、部件	分立元件放大器、激光器、调节器、电桥、晶体管放大器、集成电路放大器、磁放大器、电子管放大器、印制电路板、抽屉柜、支架盘
B	表示非电量转成电量的变换器或电量转成非电量的变换器	热电转换器、热电池、光电池、测功计、晶体换能器、送话器、拾音器、电喇叭、耳机、自整角机、旋转变压器、压力变化器、旋转变换器、温度变换器、速度变换器、模拟和多级数字变换器
C	表示电容器	电容器
D	表示二进制元件、延迟器件、存储器件	数字集成电路和器件、延迟线、双稳态元件、单稳态元件、磁心存储器、寄存器、磁带记录机、盘式记录机
E	表示其他元器件	在表中没有规定的其他元件，如发热器件、照明灯、空气调节器
F	表示电路中的保护器件	避雷器（过电压放电器件）、具有瞬时动作的限流保护器件、具有延时动作的限流保护器件、具有瞬时和延时动作的限流保护器件、熔断器、限电压保护器件
G	表示发生器、发电机、电源部件	旋转发电机、振荡器、发生器、同步发电机、异步发电机、蓄电池、旋转式或固定式变频机
H	表示信号器件	声响指示器、光指示器、指示灯
K	表示各种继电器和接触器	瞬时接触继电器、瞬时有或无继电器、交流继电器、闭锁继电器、双稳态继电器、接触器、极化继电器、簧片继电器、延时有或无继电器、逆流继电器
L	表示电抗器、电感器	感应线圈、线路陷波器、电抗器

续表

单字母符号	设备、装置和元器件的种类	所包含器件的种类
M	表示电动机	电动机、同步电动机、力矩电动机
N	表示模拟元件	运算放大器、混合模拟/数字器件
P	表示测量设备、试验设备	指示器件、记录器件、计算测量器件、信号发生器、电流表、计数器、电能表、记录仪器、时钟操作时间表、电压表
Q	表示电力开关器件	断路器、隔离开关、电动机保护器
R	表示电阻器件	电阻器、变阻器、电位器、测量分路器、热敏电阻器、压敏电阻器
S	表示电路控制开关器件	拨号接触器、连接极、控制开关、选择开关、按钮开关、机电式传感器、液体标高传感器、压力传感器、位置传感器、转数传感器、温度传感器
T	表示变压器类	电力互感器、电压互感器、电力变压器、磁稳压器、控制变压器
U	表示调制器、变换器	解调器、变频器、编码器、变流器、逆变器、整流器
V	表示电子管、晶体管	二极管、晶体管、晶闸管、电子管、控制电路的整流器件、气体放电管
W	表示传输通信、天线	导线、电缆、母线、偶极天线、抛物天线
X	表示线路的端子、插头、插座	连接插头和插座、接线柱、电缆封端和接头、焊接端子板、联接片、测试插孔、插头、插座、端子板
Y	表示由电气操作的机械器件	气阀、电磁阀、电磁离合器、电磁制动器、电磁吸盘、电磁阀
Z	表示终端设备	混合变压器、滤波器、均衡器、限幅器、晶体滤波器、网络

2. 基本文字符号中的多字母符号

多字母符号多是由一个表示种类的单字母符号与另一字母组成，其组合形式是单字母符号在前、另一字母在后。如“GB”表示蓄电池，“G”为电源的单字母符号。只有当用单字母符号不能满足要求、需要将大类进一步划分时，才采用多字母符号，以便较详细和更具体地表述电气设备、装置和元器件。如“F”表示保护器件类，而“FU”表示熔断器，“FR”表示具有延时动作的限流保护器件等。在国家标准规定中双字母符号的第一位字母只允许按表 1-1 中单字母所表示的种类使用。电气设备常用元件的多字母符号见表 1-2。

表 1-2 电气设备常用元件的多字母符号

元件名称	多字母符号	元件名称	多字母符号	元件名称	多字母符号
电桥	AB	照明灯	EL	变频机	GF
晶体管放大器	AD	空气调节器	EV	声响指示器	HA
集成电路发大器	AL	具有瞬时动作的限流保护器	FA	光指示器	HL
磁放大器	AM			指示灯	HL
电子管放大器	AV	具有延时动作的限流保护器	FR	瞬时接触继电器	KA
印制电路板	AP			差动继电器	KD
抽屉柜	AT	具有瞬时和延时动作的限流保护器	FS	功率继电器	KPR
支架盘	AR			接地继电器	KE
压力变换器	BP	熔断器	FU	气体继电器	KB
位置变换器	BQ	限压保护器	FV	交流继电器	KA
旋转变换器	BR	发生器	GS	闭锁接触继电器	KL
温度变换器	BT	同步发电机	GS	双稳态继电器	KL
速度变换器	BV	异步发电机	GA	接触器	KM
发热器件	EH	蓄电池	GB	极化继电器	KP

续表

元件名称	多字母符号	元件名称	多字母符号	元件名称	多字母符号
簧片继电器	KR	控制开关	SA	闪光小母线	WF
延时继电器	KT	选择开关	SA	直流母线	WB
信号继电器	KS	按钮开关	SB	电力干线	WPM
电动机	M	限位开关	SQ	照明干线	WLM
同步电动机	MS	转速开关	SR	电力分支线	WP
发电机	MG	温度开关	ST	照明分支线	WL
力矩电动机	MT	电流互感器	TA	应急照明干线	WEM
电流表	PA	电力变压器	TM	应急照明支线	WE
计数器	PC	控制变压器	TC	连接片	XB
瓦时计	PJ	电压互感器	TV	测试插孔	XL
记录仪器	PS	磁稳压器	TS	插头	XP
时钟操作表	PT	电子管	VE	插座	XS
电压表	PV	控制电源整流器	VC	端子板	XT
断路器	QF	母线	W	电磁铁	YA
电动机保护器	QM	电压小母线	WV	电磁制动器	YB
隔离开关	QS	控制小母线	WC	电磁离合器	YC
电位器	RP	合闸小母线	WCL	电磁吸盘	YH
测量分流器	RS	信号小母线	WS	电动阀	YM
热敏分流器	RT	事故音响小母线	WFS	电磁阀	YV
压敏分流器	RV	预告音响小母线	WPS		

3. 辅助文字符号的作用

电气设备、装置、元器件中的种类名称用基本文字符号表示，而它们的功能、状态和特征则用辅助文字符号表示。

辅助文字符号通常用表示功能、状态和特征的英文单词的前一、二位字母构成，也可采用常用缩略语或约定俗成的习惯用法构成，一般不能超过三位字母。例如，表示“启动”应采用“START”的前两位字母“ST”作为辅助文字符号；而表示“停止（STOP）”的辅助文字符号必须在“ST”基础上再加一个字母变为“STP”。辅助文字符号可与单字母符号组合成双字母符号，此时辅助文字符号一般采用表示功能、状态和特征的英文单词的第一个字母。例如，要表示时间继电器，可用表示继电器、接触器大类的“K”和表示时间的“T”二者组合成“KT”的双字母符号。电气设备常用辅助文字符号见表1-3。

表 1-3　电气设备常用辅助文字符号

辅助文字符号	名称	辅助文字符号	名称	辅助文字符号	名称
A	电流	CCW	逆时针	INC	增
A	模拟	D	延时(延迟)	IND	感应
AC	交流	D	差动	L	左
AUT	自动	D	数字	L	限制
ACC	加速	D	降	L	低
ADD	附加	DC	直流	LA	闭锁
ADJ	可调	DEC	减	M	主
AUX	辅助	E	接地	M	中
ASY	异步	EM	紧急	M	中间线
BRK	制动	F	快速	MAN	手动
BK	黑	FB	反馈	N	中性线
BL	蓝	FW	正,向前	OFF	断开
BW	向后	GN	绿	ON	接通(闭合)
C	控制	H	高	OUT	输出
CW	顺时针	IN	输入	P	压力

续表

辅助文字符号	名称	辅助文字符号	名称	辅助文字符号	名称
P	保护	RES	备用	T	时间
PE	保护接地	RUN	运转	TE	无噪声(防干扰)接地
PEN	保护接地与中性线共用	S	信号		
		ST	启动	V	真空
PU	不接地保护	SET	置位、定位	V	速度
R	记录	SAT	饱和	V	电压
R	右	STE	步进	WH	白
R	反	STP	停止	YE	黄
RD	红色	SYN	同步		
RST	复位	T	温度		

4. 数字符号的作用

文字符号除有字母符号外，还有数字代码。数字代码的使用方法主要有两种。

(1) 数字代码单独使用：数字代码单独使用时，表示各种元器件、装置的种类或功能，须按序编号，还要在技术说明中对代码意义加以说明。例如，电气设备中有继电器、电阻器、电容器等，可用数字来代表器件的种类，“1”代表继电器，“2”代表电阻器，“3”代表电容器。再如，开关有“开”和“关”两种功能，可以用“1”表示“开”，用“2”表示“关”。

(2) 数字代码与字母符号组合使用：将数字代码与字母符号组合起来使用，可说明同一类电气设备、元器件的不同编号。例如，三个相同的继电器可以表示为“KA1”“KA2”“KA3”。

二、电气图中的图形符号

文字符号提供了电气设备的种类和功能信息，但电气图中仅有文字符号是不够的，还需要有实物的信息。在电气图中，各种电气设备、装置及元器件不可能用实物表示，只能以一系列图形符号来表示，所以图形符号是电气图的一个重要组成部分。尽管图形符号种类繁多，但其构成却是有规律的，使用也有一定的规则。只要了解了图形符号的含义、构成规律及使用规则，就能正确识别图形符号，正确识图。

1. 图形符号的构成之一——符号要素

符号要素是指一种具有明确定义的简单图形，通常用于表示器件的轮廓或外壳，见表1-4，符号要素不能单独使用。符号要素必须同其他图形组合后才能构成一个设备或概念的完整符号。

表1-4 符号要素的含义

应用类别		图形符号	说明
物件	形式1	□	1. 表示物件的三种形式或表示设备、器件、功能单元、元件、功能 2. 图形符号的轮廓内填入或加上适当的符号或代号可以表示物件的类别
	形式2	▭	
	形式3	○	
外壳	形式1	○	表示外壳的图形符号，一般指球或箱或罩的外壳
	形式2	⬭	
边界线	点画线	—·—·—	用于表示机械上或功能上相互关联的边界
屏蔽	虚线框	⬚	1. 减弱电场或电磁场的强度 2. 屏蔽符号可以画成任何方便的形状

2. 图形符号的构成之二——一般符号

一般符号是指用来表示一类产品或此类产品特征的一种简单符号，一般符号可以直接应用，也可以加上限定符号使用。图 1-1 为常用元件的一般符号。

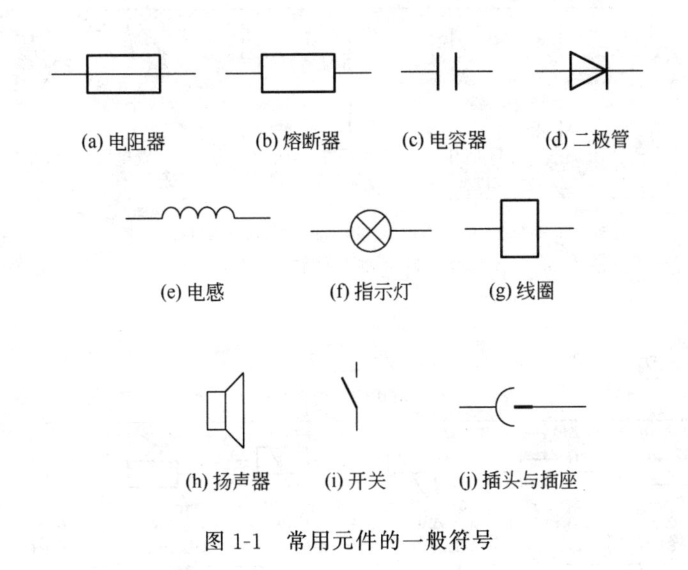

图 1-1　常用元件的一般符号

3. 图形符号的构成之三——限定符号

限定符号是指用来提供附加信息的一种加在其他图形符号上的符号，限定符号一般不能单独使用。

限定符号有电流和电压的种类、可变性、受力和运动的方向、（能力、信号）流动方向及材料等。限定符号的使用图形符号更具有多样性。限定符号的应用实例如图 1-2～图 1-4 所示，表 1-5 列出了常用的限定符号。

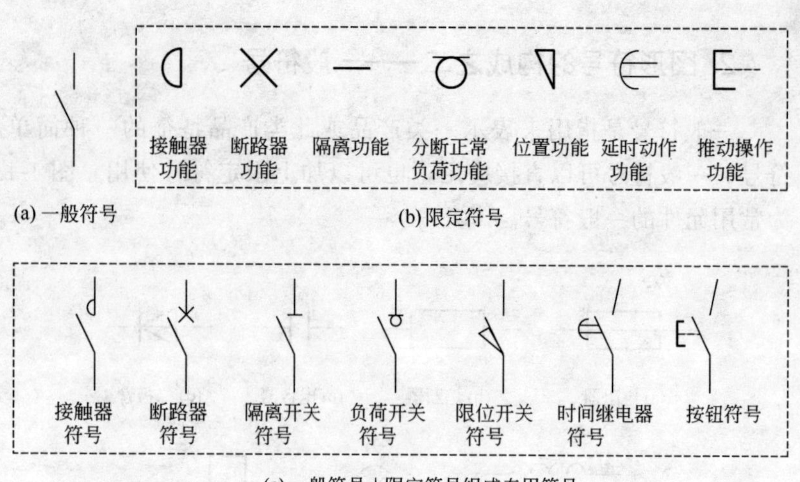

图 1-2 限定符号应用示例（一）

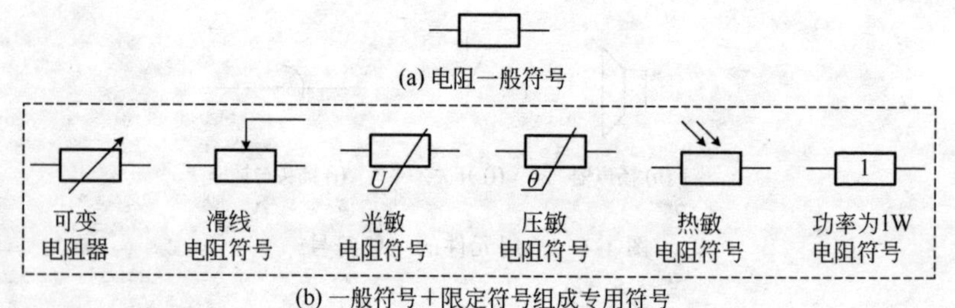

图 1-3 限定符号应用示例（二）

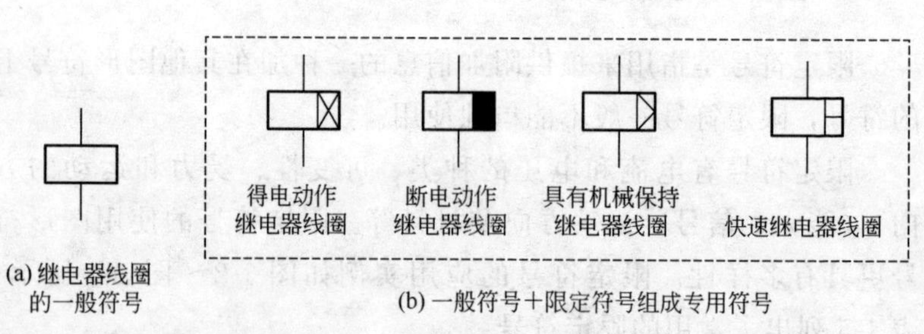

图 1-4 限定符号应用示例（三）

表 1-5　常用的限定符号

图形符号	说明	图形符号	说明	图形符号	说明
	一般情况下手动控制		滚轮操作		液面控制
	受限制的手动控制		凸轮操作		杠杆操作
	拉拔控制		过电流保护的电磁操作		直流
	旋转控制		热执行器操作		交流
	推动操作		电钟操作		延时动作当运动方向是从圆弧指向圆心时动作被延时
	接近效应操作		液位控制		
	接触效应操作		计数控制		接地一般符号
	紧急开关		气流控制		无噪声接地抗干扰接地
	手轮操作	θ	温度控制		保护接地
	脚踏操作	P	压力控制		接机壳或接底板
	可拆卸的手柄操作		滑动控制		等电位
	钥匙操作		接近传感器		
	曲柄操作		接触传感器		

4. 电器图形符号的分类

电器图形符号是构成电气图的基本单元，按照表示的对象及用途不同，图形符号分为电气图用图形符号及电气设备用图形符号两大类。导线和连接器件的图形符号见表 1-6。

表 1-6　导线和连接器件的图形符号

序号	图形符号	说明	序号	图形符号	说明
1		连线、导线；电缆；电线；传输通路；电信线路 连线的长度取决于图的布局	9	形式1 形式2	导线 T 形连接
2	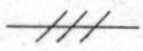	导线组（画出导线根数）如图示为三根线	10	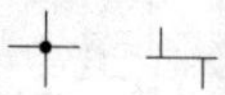	导线双重连接（十字形连接）
3	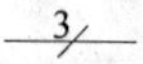 3	导线组（标出导线根数）如图示为三根线	11	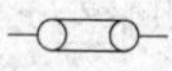	接通的连接片形式 1
4		软连接导线	12		接通的连接片形式 2
5	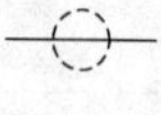	屏蔽导线	13		断开的连接片
6	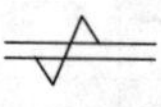	绞合导线	14	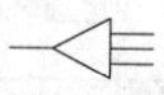	电缆密封端（表示带有一根三芯电缆）
7		导线连接点	15		直通接线盒多线表示法（画出导线根数）
8		连接端子	16	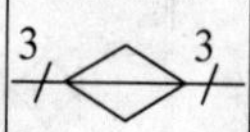 3　3	直通接线盒单线表示法（标出导线根数）

电器图形符号种类繁多，在 GB/T 4728 系列标准中将其分为 11 类，即导线和连接件，基本无源元件，半导体管和电子管，电能的发生和转换，开关、控制和保护器件，测量仪表、灯和信号器件，电信交换和外围设备，电信传输，建筑安装平面布置图，二进制逻辑元件，模拟元件。

电气设备用图形符号则主要适用于各种类型的电气设备或电气设备的部件，使操作人员了解其用途和操作方法，其主要用途为识别、限定、说明、命令、警告和指示等。基本无源元件图形符号见表 1-7。

表 1-7　基本无源元件图形符号

序号	图形符号	说明	序号	图形符号	说明
1		电阻的一般符号	9	+	极性电容器（电解电容器）
2		可调电阻器	10		预调电容器
3	U	压敏电阻器 变阻器	11	+ U	压敏极性电容器
4		带滑动触点的电位器	12	+ θ	热敏极性电容器
5		带滑动触点的电阻器	13		电感器、线圈、扼流圈
6		带滑动触点和预调电位器	14		带磁芯的电感器
7		电容器的一般符号	15		磁芯有间隙的电感器
8		可调电容器	16		带磁芯连续可变的电感器

电气设备用图形符号与电气图用图形符号大多是不同的，有的虽然符号相同，但含义却大不相同。例如变压器的电气设备用图形符号和电气图用图形符号，二者在形式上是相同的，但电气图用符号中的变压器符号表示电路中的一类变压器设备，担负变压功能；而电气设备用图形符号中的变压器符号则表示电气设备可通过变压器与电力线相连接的开关、控制器、连接器或端子相接，也可用于变压器包封或外壳上，还有的用于平面布置图上，表示变压器的安装位置。半导体管和电子管图形符号见表1-8。

表1-8 半导体管和电子管图形符号

序号	图形符号	说明	序号	图形符号	说明
1		二极管一般符号	10		PNP型三极管
2		发光二极管(LED)符号	11		NPN型三极管
3		变容二极端符号	12		N型单结晶管
4		隧道二极管符号	13		P型单结晶管
5		稳压二极管符号(单相击穿二极管)	14		光敏电阻
6		双向击穿二极管	15		光敏二极管
7		双向二极管	16		光电池
8		阳极控制的晶闸管	17		光电三极管
9		阴极控制的晶闸管	18		光耦合器件(光电隔离器)

电能的发生和转换图形符号见表1-9。

表1-9 电能的发生和转换图形符号

序号	图形符号	说明	序号	图形符号	说明
1		V形连接的三相绕组	13		变压器的一般符号
2		三角形连接的三相绕组			
3		开口三角形连接的三相绕组	14		星形-星形连接的三相变压器
4		星形连接的三相绕组			
5		有中性点引出星形连接的三相绕组	15		三角形-星形连接的三相变压器
6		电机的一般符号(符号内星号必须用规定的字母代替)	16		三绕组变压器
7	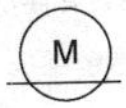	直流电机的一般符号			
8	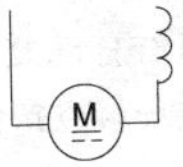	直流串励电动机	17		自耦变压器
9	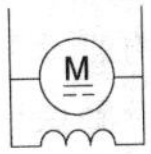	直流并励电动机	18		扼流圈 电抗器
10	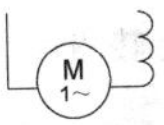	单相串励电动机	19		电流互感器
11	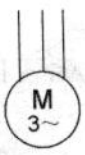	三相笼式电动机	20		电压互感器
12		三相绕线式电动机			

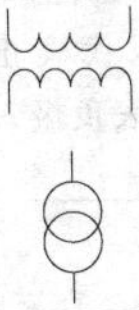

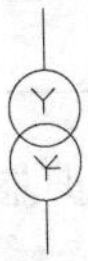

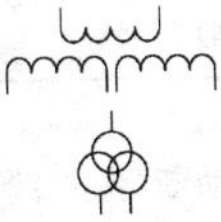

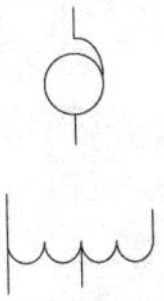

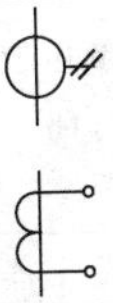

续表

序号	图形符号	说明	序号	图形符号	说明
21	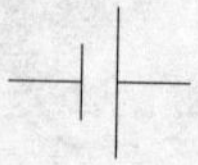	蓄电池、电池组（长线代表正极，短线代表负极）	23		桥式全波整流器
22	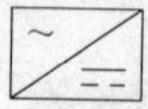	交流/直流变流器	24	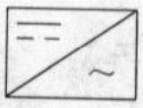	直流/交流逆变器

开关、控制和保护器件图形符号见表1-10。

表1-10 开关、控制和保护器件图形符号

序号	图形符号	说明	序号	图形符号	说明
1		动合（常开）触点也可以用作开关的一般符号	8		得电瞬时断开断电后延时闭合的常闭触点
2		动断（常闭）触点	9	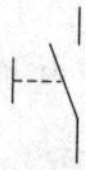	手动操作开关的一般符号
3		先断后合的转换触点	10	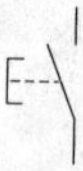	具有自动复位功能的常开触点按钮开关
4		中间断开的双向触点	11	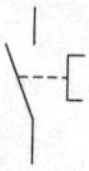	具有自动复位功能的常开触点拉拨开关
5		当操作器件得电时延时闭合的常开触点	12	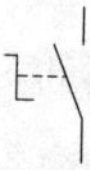	旋转开关的常开触点
6		当操作器件得电时延时断开的常闭触点	13		接触器的主常开触点
7	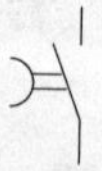	得电瞬时闭合断电后延时断开的常开触点	14		接触器的主常闭触点

续表

序号	图形符号	说明
15		断路器的常开触点
16		负荷开关的常开触点
17		隔离开关的常开触点
18		位置开关的常开触点
19		位置开关的常闭触点
20		热继电器的常闭触点
21		继电器线圈的一般符号
22		断电延时释放的时间继电器
23		通电延时释放的时间继电器
24		快速动作继电器的线圈（电流继电器）
25		具有机械保持继电器的线圈（信号继电器）
26		热继电器的热元件
27	I >	延时过电流继电器
28	U=0	零点压继电器
29	I←	逆电流继电器
30	P<	欠功率继电器
31	U< 50...80v	欠电压继电器
32		熔断器一般符号
33		跌落式熔断器
34		熔断器式隔离开关

续表

序号	图形符号	说明	序号	图形符号	说明
35		熔断器式负荷开关	38		接近开关常开触点
36		避雷器	39		接触传感器
37		接近传感器	40		接触敏感开关常开触点

测量仪表、灯和信号器件图形符号见表1-11。

表1-11　测量仪表、灯和信号器件图形符号

序号	图形符号	说明	序号	图形符号	说明
1	A	电流表符号	8	Wh	电能表符号
2	V	电压表符号	9	Var.h	无功电能表符号
3	cos φ	功率因数表符号	10		钟
4	φ	相位表符号	11		带有触点的钟
5	var	无功功率表符号	12		灯的一般符号 信号灯一般符号
6	n	转速表符号	13		电喇叭
7		检流计符号	14		电铃

续表

序号	图形符号	说明	序号	图形符号	说明
15		蜂鸣器	21		应急灯
16		投光灯	22		球形灯
17		荧光灯	23		防爆灯
18		防爆荧光灯	24		壁灯
19		防水防尘灯	25		闪光性信号灯
20		花灯	26		天棚灯

5. 图形符号应用的注意事项

（1）图形符号一般均按未通电、无外力作用的“正常状态”表示。例如，开关未闭合，继电器、接触器的线圈未通电，按钮未按下等。

（2）某些设备或元件有几个图形符号，在选用时应尽可能采用优选形。尽量采用最简单的形式，在同类图中使用同一种形式。在同一电路中，在加电和受力后，各触点符号的动作方向应取向一致，如图 1-5 所示触点的正确画法。

（3）元器件和设备的可动部分通常应表示在不工作的状态或位置。

① 继电器和接触器应在非得电的状态。

② 断路器、负荷开关和隔离开关应在断开位置。

③ 带有零位的手动控制开关应在零位位置，不带零位的手

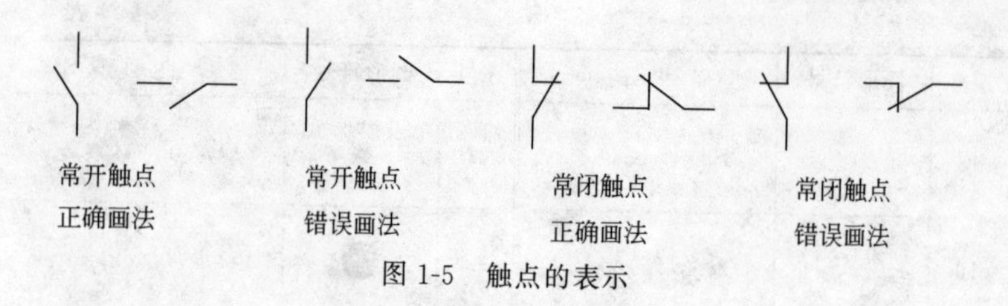

图 1-5　触点的表示

动控制开关应在图中规定的位置。

④ 机械操作的开关工作状态与工作位置的对应关系，一般应表示在其触点符号的附近，或另附说明。事故、备用、报警等开关应表示在设备正常使用的位置，多重开闭器件的各组成部分必须表示在相互一致的位置上，而不管电路的工作状态。

（4）为了突出主次或区别不同用途，相同的图形符号允许采用不同的符号大小、不同的图线宽度来表示。例如电力变压器与电压互感器、发电机与励磁机、主电路与副电路、母线与一般导线等的表示。

（5）同一电气设备的三相及同类电气设备或元器件的图形符号应大小一致、图线等宽、整齐划一、排列匀称。

三、电气图中元件的表示方法

1. 元件集中表示法

元件集中表示法是把设备或成套装置中的一个项目各个组成部分的图形符号在简图上绘制在一起的方法，它只适用于简单的控制图，图 1-6 为电流继电器和时间继电器的图形符号的集中表示法示例，元件的驱动（线圈）和触点连接在一起，这种表示方法的动作分析明了，但在绘制中元件连接交叉较多，会使图面混乱。

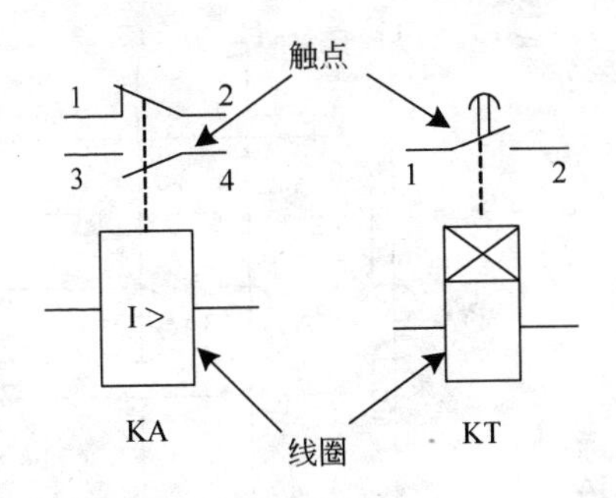

图 1-6　元件的集中表示法

2. 元件分散表示法

元件分散表示法也称展开表示法，它是把一个元件中的不同部分用图形符号，按不同功能和不同回路分开表示的方法，不同部分的图形符号用同一个文字符号表示，如图 1-7 所示。分散表示法可以避免或减少图中线段的交叉，可以使图面更清晰，而且给分析电路控制功能及标注回路标号带来方便，工作中使用的控制原理图就是用分散表示法绘制的。图 1-8 所示就是采用了分散表示法，表明电流互感器 TA 在电路中的连接位置和功能作用。

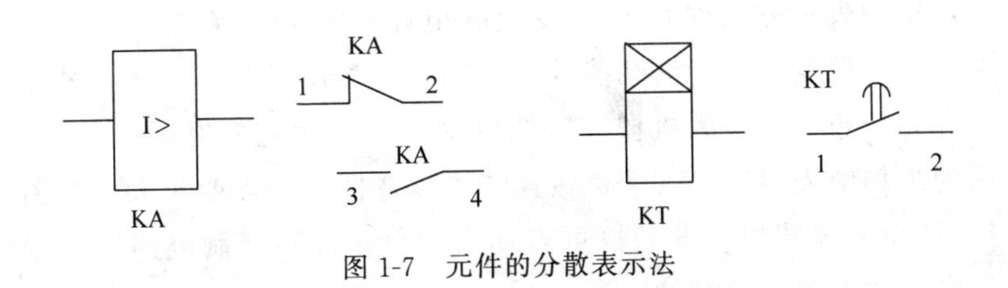

图 1-7　元件的分散表示法

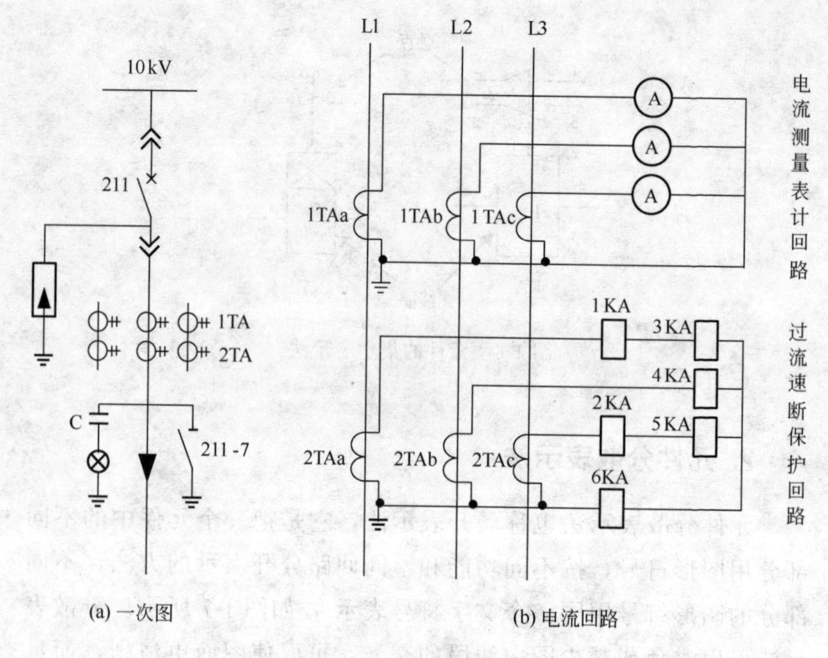

图 1-8　高压电流互感器二次回路接线图分散表示法

3. 元件半集中表示法

元件半集中表示法是应用最广泛的一种电气控制图表示方法，这种表示方法对设备和装置的电路布局表示清晰，易于识别。一个控制项目中的某些部分的图形符号用集中表示法，另外部分分开布置，并用机械连接线（虚线）表示它们之间的关系，称为半集中表示法，其中机械连线可以弯曲、分支或交叉。如图 1-9 所示的笼式异步电动机可点动、运行正反转控制电路就是采用半集中表示法绘制的。

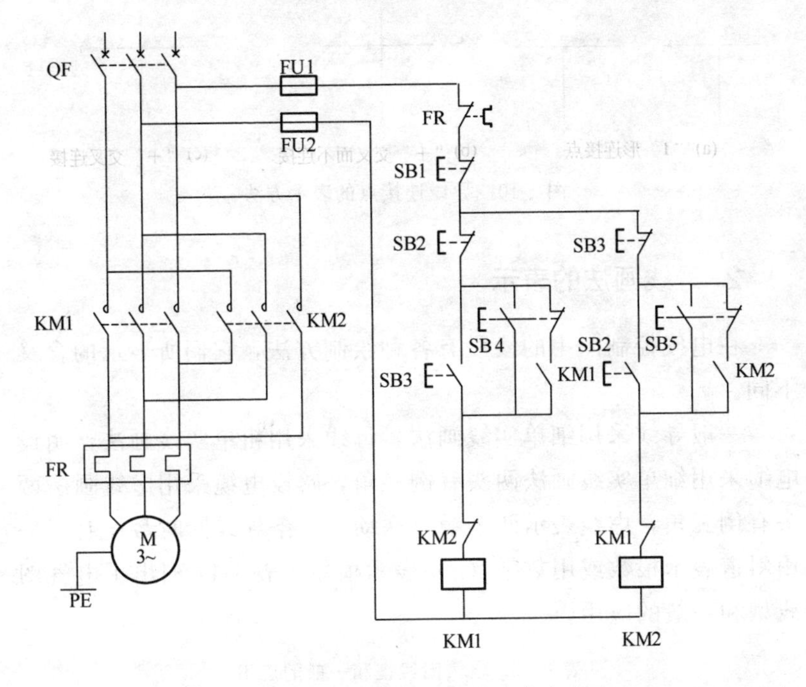

图 1-9　电动机控制电路的元件半集中表示法

四、电气图中连接线的表示

1. 导线连接点的表示

导线在图中的连接有“T”和“+”字形两种，“T”字形表示必须连接，连接点可以加实心圆点“●”，也可以不加实心圆点，对于“+”字形交叉连接则必须加实心圆点，否则表示导线交叉而不连接，如图 1-10 所示。

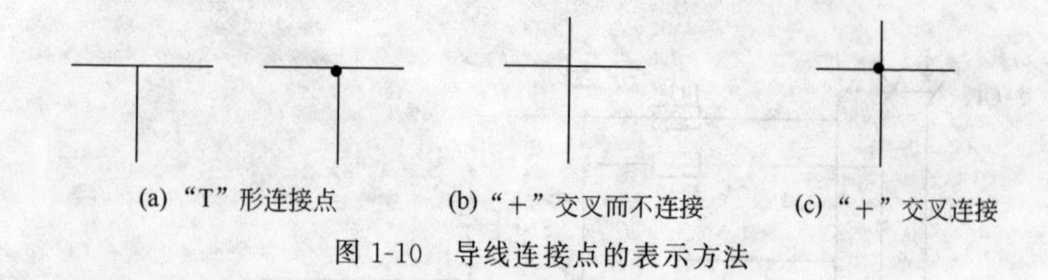

(a)“T”形连接点　(b)“＋”交叉而不连接　(c)“＋”交叉连接

图 1-10　导线连接点的表示方法

2. 导线画法的表示

在电气控制图中的线段有各种绘制方法，它们所表示的含义不同。

一般导线采用细单实线画法，母线采用粗单实线画法，明设电缆采用细单实线画法两头有倒三角，暗设电缆采用虚线画法两头有倒三角，虚线表示两个触点联动，多条导线同时敷设时了一用斜道表示根数或用数字（n）表示根数。表 1-12 列出了电气图线型和一般的应用。

表 1-12　电气图线型和一般的应用

序号	线型	说明	一般应用
1		粗实线	与原件连接表示母线
2		细实线	一般导线
3		波浪线	图形未全画出时的折断界限，中断线，局部或断开剖面的边界线
4			被断开部位的边界线
5		点画线	中心线、对称线、轨迹线
6		虚线	两个触点连接表示触点联动、不可见的轮廓线、地下管线、屏蔽线
7		双点画线	相邻零件的轮廓线、可动零件的另一个位置或极限位置

3. 元件连接线表示方法

（1）多线表示法：每根连接线或导线各用一条图线表示的方法。

特点是能详细地表达各相或各线的内容，尤其在各相或各线内容不对称的情况下采用此法。如图 1-9 中的控制部分。

（2）单线表示法：两根或两根以上的连接线或导线，只用一条线的方法。

特点是适用于三相或多线基本对称的情况。图 1-11 的系统图就是采用单线表示三相电源供电。

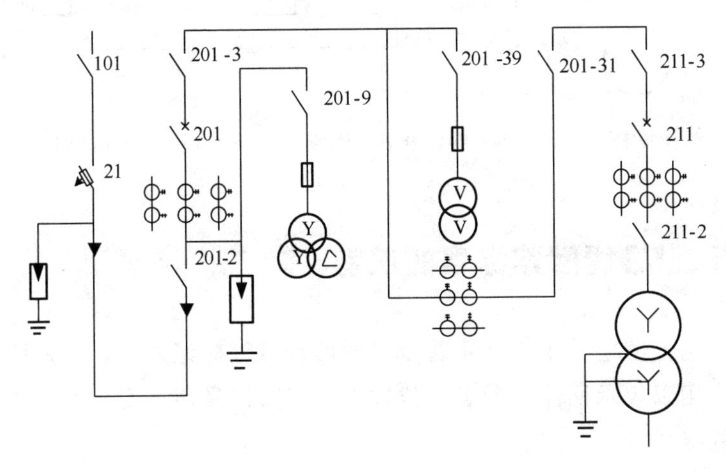

图 1-11　采用单线表示三相电源供电

（3）混合表示法：一部分用单线；另一部分用多线。

特点是兼有单线表示法简洁精炼的特点，又兼有多线表示法对描述对象精确、充分的优点，并且由于两种表示法并存，更为灵活。如图 1-12 所示，两台电动机顺序启动电路电动机主回路采用单线表示，控制回路采用多线表示。

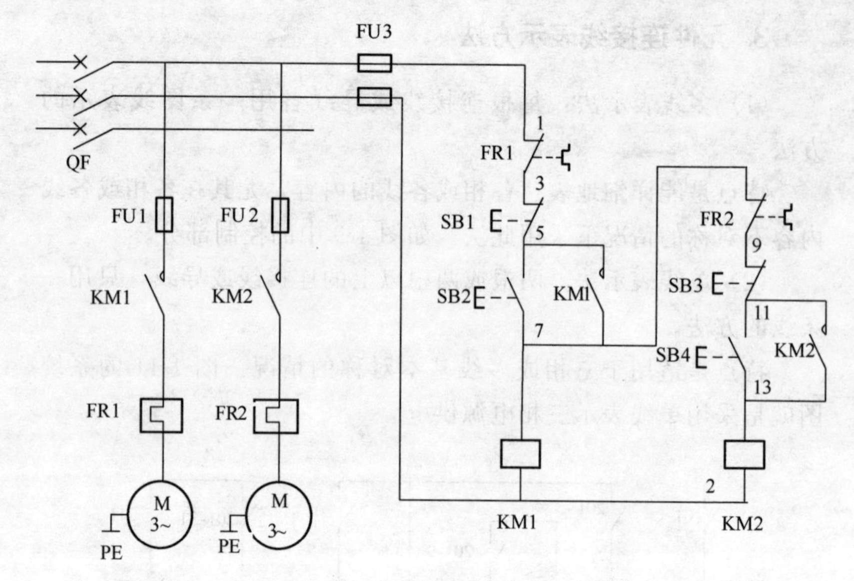

图 1-12　采用元件连接混合表示法的两台电动机顺序启动电路

五、导线回路标号的识别

电气图中除了有文字符号、图形符号等标记外，还有回路标号，用以表示回路的种类、位置等，回路标号便于安装、维修人员的接线和查找线路。

1. 回路标号的一般原则

（1）回路标号是按等电位的原则进行的，即在回路中连接在同一点的所有导线标注相同的回路标号。如图 1-13 中的 5 号、7 号、9 号、13 号、15 号线都是连接了三个元件，但它们是同一个电位，所以使用同一个线号，这在电路分析时是很重要的。例如图中的 7 号线，是从 SB1 常闭出线端接 SB3 和 KM1 常开的进线端，一条线连接三个元件电压没有发生变化，所以都使用相同的标号，这一点尤其在实际电路分析中很重要的，因为元件的位置并不像图纸一样安装在一起，了解标号原则可以更为方便地开展安装维修工作。图 1-14 是 7 号线（虚线）实际连接情况。

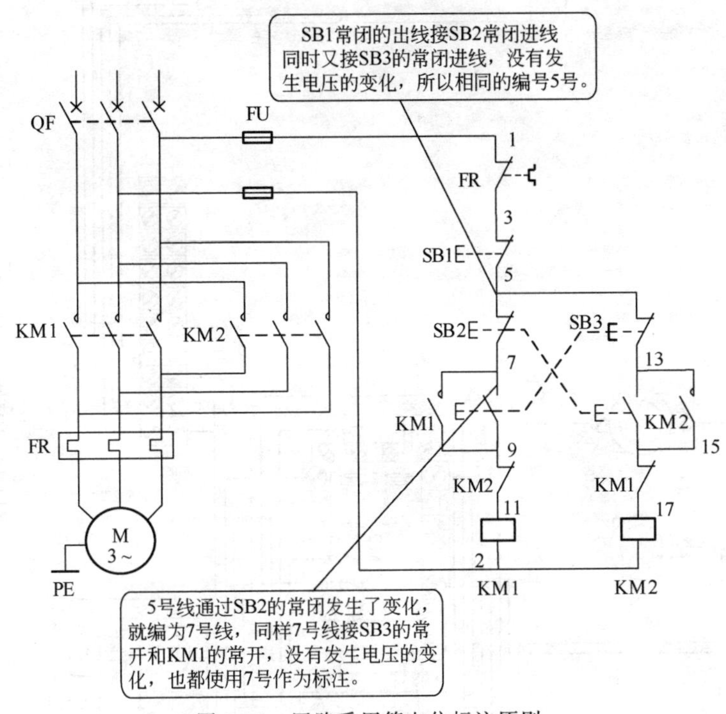

图 1-13　回路采用等电位标注原则

（2）被电气设备的线圈、绕组、电阻器、电容器、各类开关、触点等元器件分隔开的线段，应视为不同的线段，标注不同的回路标号。

（3）在一般情况下，回路标号由三位或三位以下的数字组成。以个位数代表相别，如三相交流电路的相别分别用 1、2、3，或以个位奇偶性区别回路极性，如直流回路的正极侧用奇数，

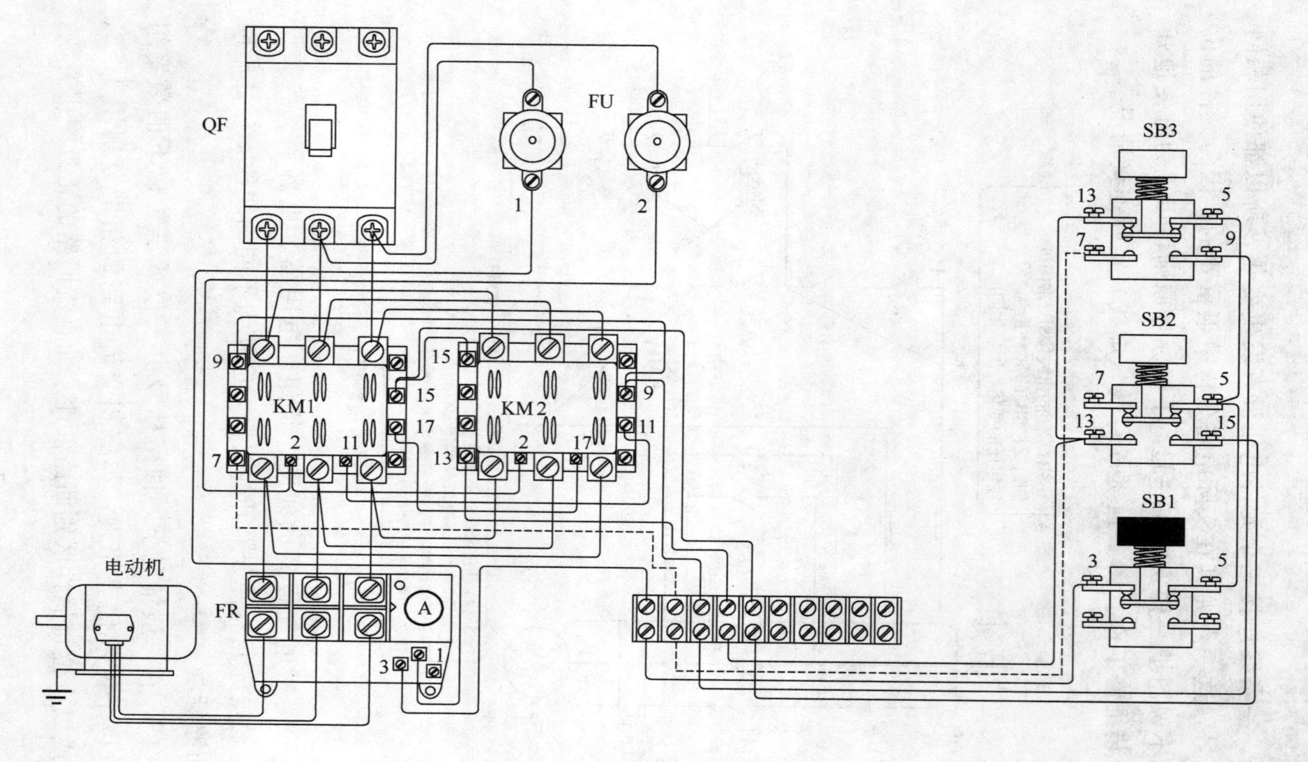

图1-14　7号线等电位连接

负极侧用偶数；以标号中的十位数字的顺序区分回路中的不同线段；以标号中的百位数字的顺序来区分不同供电电源的回路，如直流回路中A电源的正、负极回路标号用“101”和“102”表示，B电源的正、负极回路标号用“201”和“202”表示。电路中若共用同一个电源，则百位数字可以省略。当要表明回路中的相别或某些主要特征时，可在数字标号的前面或后面增注文字符号，文字符号使用大写字母，并与数字标号并列。

2. 主回路导线的标号

主回路就是从电源引进经过各种开关到用电器的线路，由于电源线经过各种电气设备后就产生了不同部位的线段，所以必须用标号表明属于哪一线段。在电气控制电路的主回路中，线号由文字标号和数字标号构成。文字标号用来标明主回路中电气元件和线路的种类和特征，如三相电动机绕组用U、V、W表示，电源用L表示；数字标号用来表示第几相和第几级。

主回路标号方法如图1-15所示，电源端用L1、L2、L3表示，“1、2、3”分别表示三相电源的相别，因电源开关左右两边属于不同线段，所以加一个十位数“1”，这样，经电源开关后标号为L11、L12、L13。再经过一级开关后标号就成为L21、L22、L23，表示这段电源前面有两个电源开关，并受这两个开关控制。

电动机主回路的标号应从电动机绕组开始自下而上标记。以电动机M1的回路为例，电动机绕组的标号为U1、V1、W1，在热继电器FR1的上触点的另一组线段，标号为U11、V11、W11，再经接触器KM1的上触点，标号变为U21、V21、W21，经过熔断器FU1与三相电源线相连，并分别与L11、L12、L13同电位，故不用再标号。电动机M2回路的标号可以此类推。这个电路的回路因共用一个电源，所以省去了标号中的百位数字。

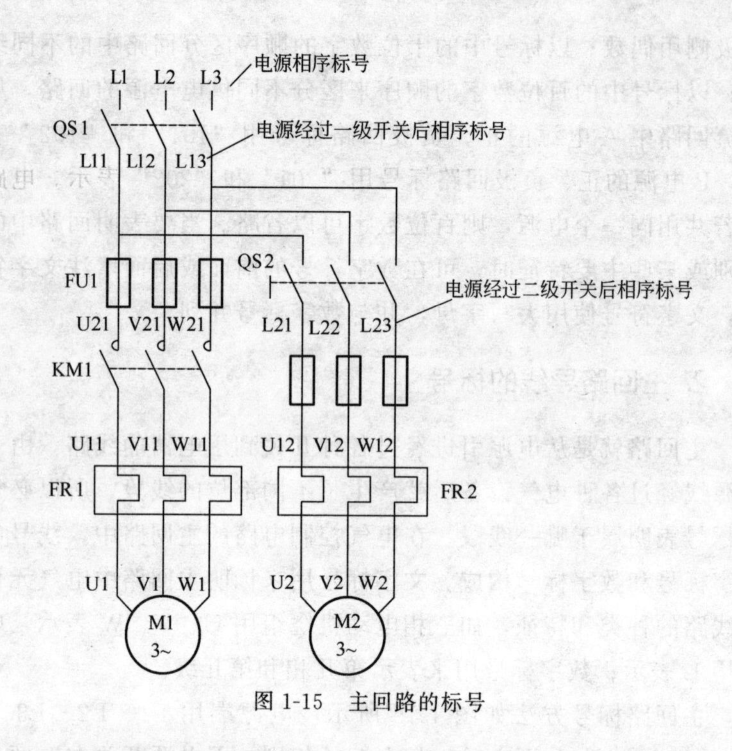

图 1-15　主回路的标号

3. 控制回路导线的标号

不论是直流还是交流的控制回路，导线的标号以压降元件为界，在元件的两侧不同线段分别按标号个位数字的单、双数来依次标号。

有时回路中的不同线段较多，标号可连续递增到两位数，如“11、13、…、75”“12、14、…、44”等，压降元件包括接触器、继电器线圈、电阻和照明灯、铃等。

在垂直绘制的回路中，线号采用自上而下或自上至中、自下至中的方式，这里的“中”指压降元件所在位置，线号一般标在连接线的右侧。在水平绘制的回路中，线号采用自左而右或自左至中、自右至中的方式，这里的“中”同样是指压降元件所在位置，线号一般标注于连接线的上方。图 1-16 所示是垂直绘制的直流控制回路，K1、K2 为耗能元件，故它们上、下两侧的线号分别为单双数。与正电源相连的是 1 号线，在 K1 支路中，从 L＋至 K1 元件，经一个按钮后线段的标号为 3，再经一个触点后线段的标号为 5；在 K1 下侧与负电源相连的线段的标号为 2，经一个触点后线段的标号为 4。在 K2 的支路中，也在 K2 元件两侧按单、双数依照 K1 支路的顺序继续编号。

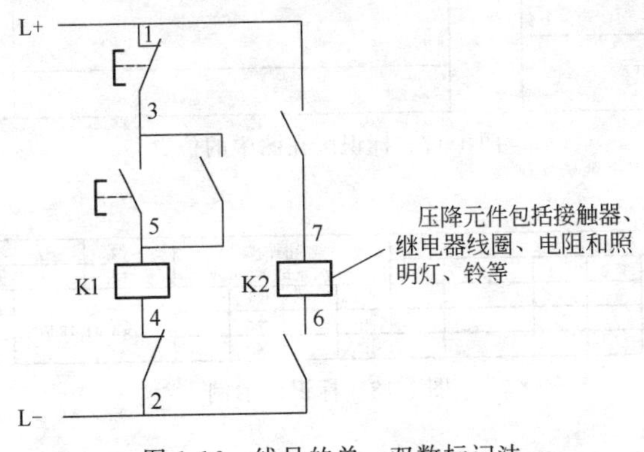

图 1-16　线号的单、双数标记法

六、电气图的布局

1. 认识电气图的标识区和标题栏

不同图中的标识区的位置不同，一般在图纸的下方，标识区中所表达的内容是与工作者有关的文件信息，工作者通过文件的内容了解图中内容信息和其他相关信息，例如标识号、修订标记、页码、发布日期、标题、法人代表、负责部门、技术参数、批准等。标识区位于图纸的底部，如图 1-17 所示。

图 1-18 为图中标识区的内容，该标题栏给出了设计单位、工程名称、元件表等内容。

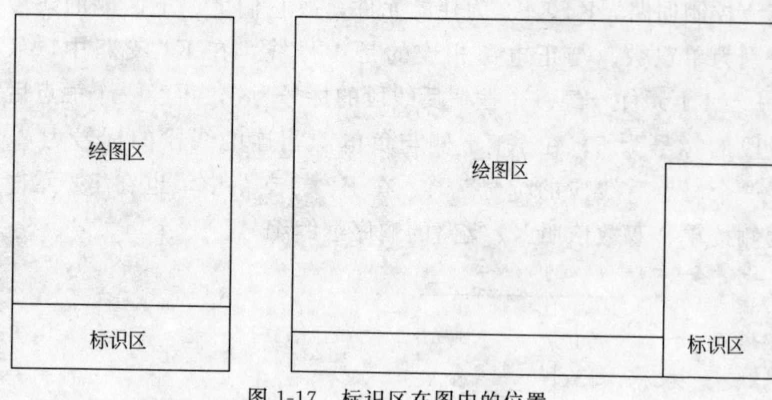

图 1-17　标识区在图中的位置

<table>
<tr><td colspan="6">元件表</td><td colspan="4" rowspan="2">某设计研究院
JSTD 工证书标号10012-6</td><td>工程名称</td><td colspan="2">某单位</td></tr>
<tr><td>符号</td><td>名称</td><td>数量</td><td>符号</td><td>名称</td><td>数量</td><td>项目名称</td><td colspan="2">供电系统</td></tr>
<tr><td></td><td></td><td></td><td></td><td></td><td></td><td>审定</td><td></td><td>校对</td><td></td><td rowspan="3">主要设备表及图例</td><td>日期</td><td>2011.2</td></tr>
<tr><td></td><td></td><td></td><td></td><td></td><td></td><td>审核</td><td></td><td>设计</td><td></td><td>设计号</td><td>2004546-89</td></tr>
<tr><td></td><td></td><td></td><td></td><td></td><td></td><td>负责人</td><td></td><td>制图</td><td></td><td>图号</td><td>AD1-3</td></tr>
</table>

图 1-18　标识区示例

2. 电气图的内容区与参考网格

内容区所展示的是项目的信息（原理图），为了正确定位和便于读图，内容区一般设置参考网格，如图 1-19 所示，网格编号从图纸的左上角开始，网格的纵格从 1 开始的连续数字区分，横格用除 I 和 O 外的大写字母区分。

参数网格在纸制图面中一般是不可见的网格，但区域是清楚的。

3. 参考网格与元件标记

参考网格在大型图纸中有着重要的作用，由于一个电器元件往往有多个触点在电路中应用在不同的控制部位，绘制电路图时将电器元件的应用触点采用简表法，把元件触点实际应用的数量和在图中不同的部位表示出来，简表没有表题，但必须画在执行

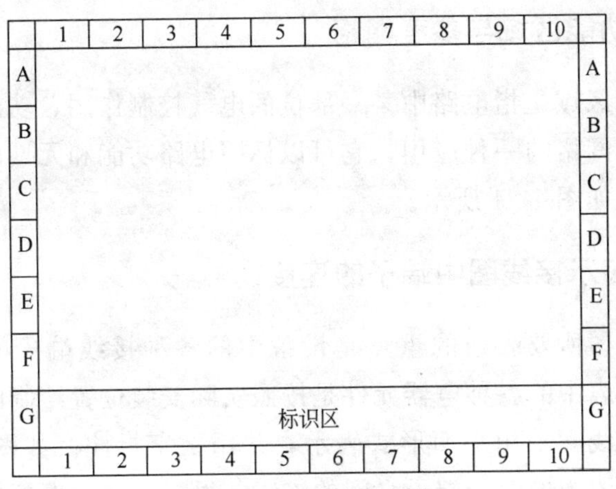

图 1-19　图面参考网格

元件（线圈）的正下方，而且只列出竖列，每一个竖列所代表的触点形式是统一规定的，如图 1-20 所示。每一个竖列内共有几个数字（一位或两位）和“X”号，这就表示这一类触点共有几个，数字代表这个元件的触点已被使用，并在图中第几列的位置，“X”表示未使用的触点。

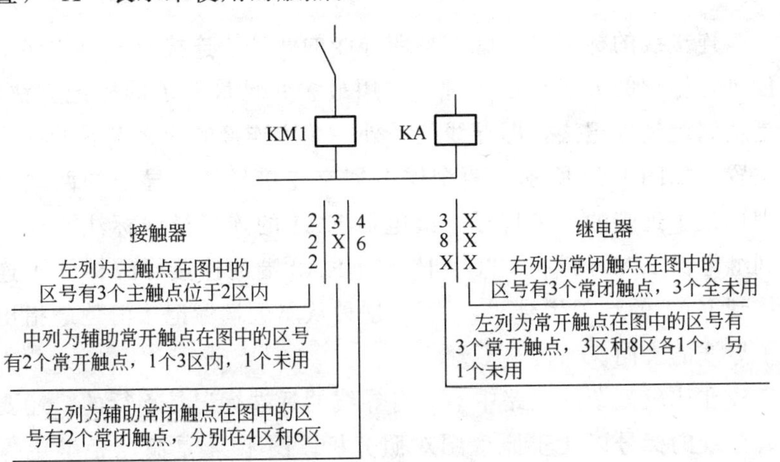

图 1-20　元件触点位置与网格的应用

4. 功能区域与参考网格

功能区域是指电路中某一部位的电气控制作用，功能区域实际是参考网格的一种应用，它可以标明电路功能和元件触点的应用位置，如图 1-21 所示。

5. 表示接线图中端子的连接线

接线图所要表达的重点是设备中的各种接线端子的连接情况，接线表中的各种电器元件是按照实际安装位置绘制的，元件的触点和线圈采用平面形式表示，并用数字标注。如图 1-22 所示，接线图中的两个端子之间的连线，根据图面的繁简情况，简单图可以画成连接的，但是比较复杂的接线图就不能采用连续的，那样会使图面很乱无法分辨。所以比较复杂的电器接线图中的连线画成中断的，这样可以使图面简洁明了。但是无论是哪种接线情况都要在线的两端进行标记，以便查找线路。

6. 连接线的标记方法

连接线的标记号，就是标明导线的两端应连接在电器的那个位置，标记的方法有很多种，应用最多并且最明了的标记方法，是从属远端标记法，即导线的另外一端应连接的什么电器的什么位置。如图 1-23 所示，两个继电器有连接导线，导线的两端分别标记了远端的端子代号，继电器 KA1 的连接导线标注了连接到继电器 KA2 的端子“5：4”，而 KA2 端的连接导线标注了连接到 KA1 的端子代号“4：7”，这种从属远端标记法清楚地指出了导线的去向。

在比较复杂的电路中，只有导线的远端标记是不行的，还要有导线的标号以便于原理图对照分析。图 1-24 是高压柜继电保护电路中信号继电器的一部分接线图，3XJ～5XJ 为信号继电器，

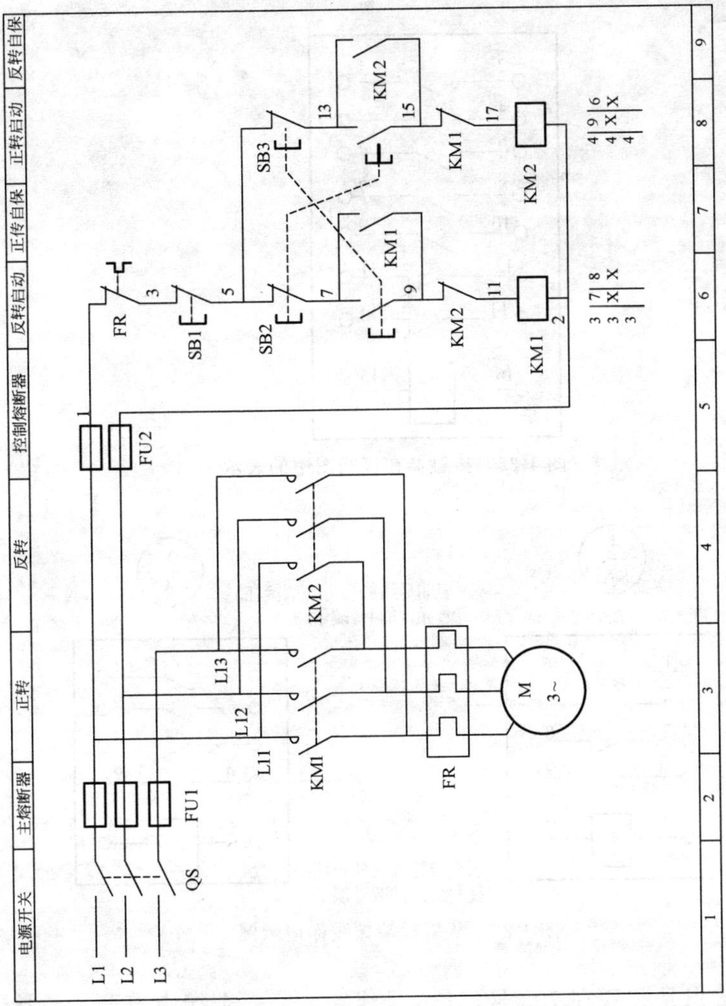

图 1-21　功能区域网格与触点标记应用

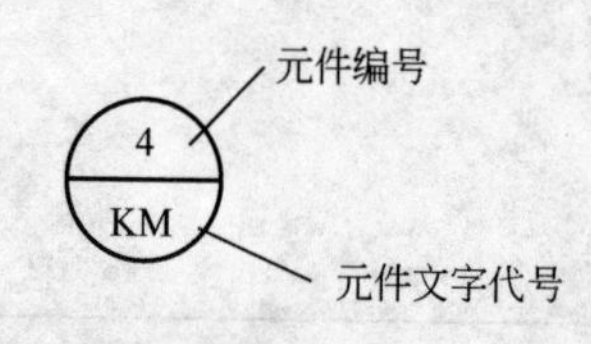

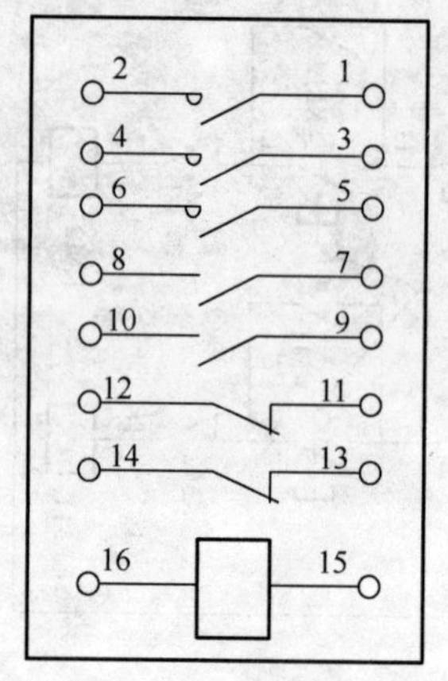

图 1-22　接触器在接线图中的表示

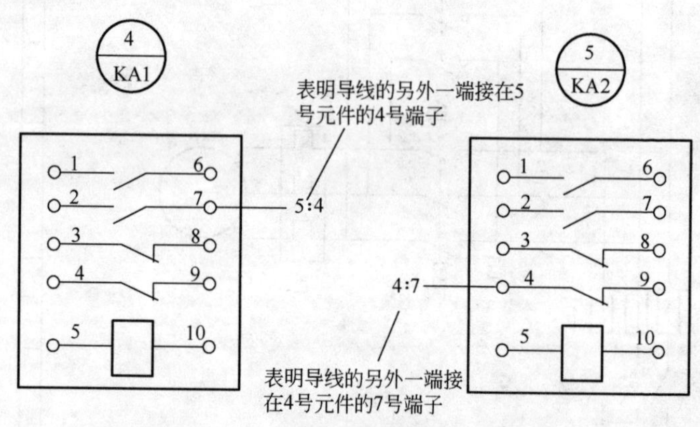

图 1-23　从属远端导线标记示例

常开接点是并联在 703 号、716 号线路，每一个接点有两条线接入，图中 6-1、8-1 表明此接点一端连接 6 号元件的 1 号端子，一端又连接 8 号元件的 1 号端子，这种标记方法准确明了。

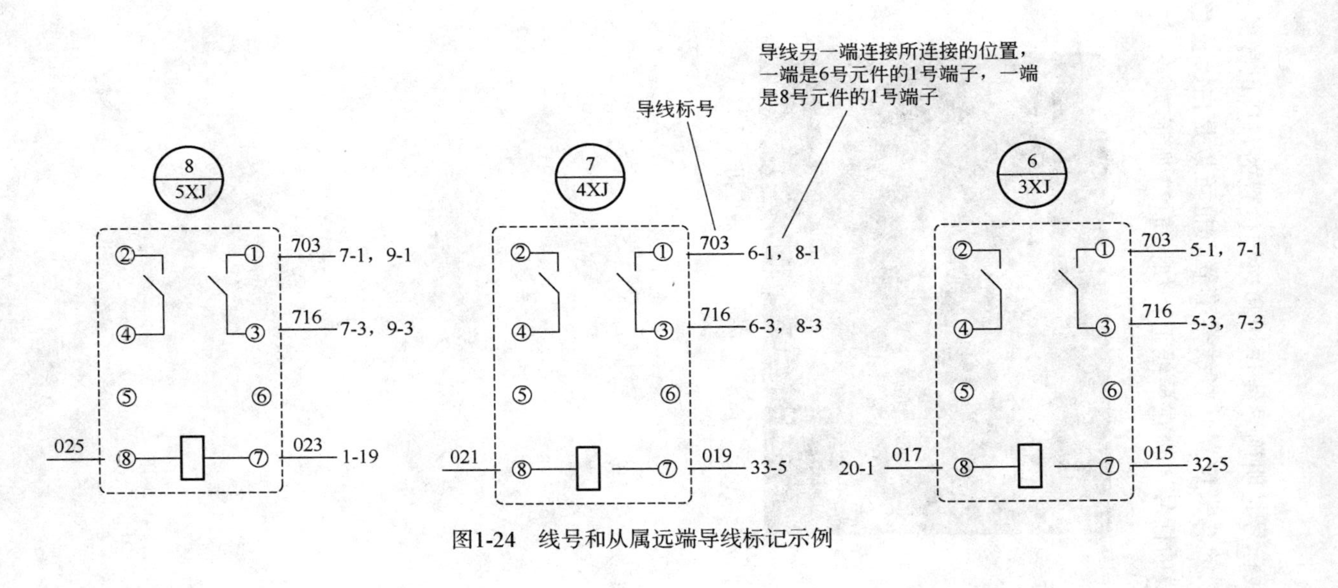

图1-24　线号和从属远端导线标记示例

导线标号是明确导线作用和连接位置的，所以导线标号必须标在导线的线头位置，将线号套管（也可以是白、黄色塑料管）写好导线的标号，套在导线上，如图 1-25 所示。

图 1-25 导线标号的应用

Chapter 2

第二章 电路中各种元件的作用

一、电路中的开关电器元件

电路中的开关电器元件广泛用在开关柜、配电箱中，用于接通和分断电源。由于电器结构的不同，开关电器分可带负荷操作和不能带负荷操作两类。电路中常用的开关电器见表 2-1。

表 2-1 电路中刀开关的图形符号和种类

名称	电路的图形符号	实物	功能说明
刀闸	QS	HK 型刀闸（胶盖闸）	刀开关有二极、三极两种，具有明显断开点，熔丝起短路保护作用。它主要用于电气照明线路、电热控制回路，也可用于分支电路的控制，并可作为不频繁直接启动及停止小型异步电动机(4.5kW 以下)之用
		HD、HS 系列刀闸	HS、HD 系列开关可在额定电压交流 500V、直流 440V，额定电流 1500A 以下用于工业企业配电设备中，作为不频繁地手动接通和切断或隔离电源之用

续表

名称	电路的图形符号	实物	功能说明
刀闸		HH 封闭式负荷开关	适用于工矿企业、农业排灌、施工工地、电焊机和电热照明等各种配电设备中，供手动不频繁的接通和分断负荷电路，内部装有熔断器具有短路保护，并可作为交流异步电动机的不频繁直接启动及分断之用
		HR 刀熔开关	具有熔断器和刀开关的基本性能，适用于交流 50Hz、380V 或直流电压 440V，额定电流 100～600A的工业企业配电网络中，作为电气设备及线路的过负荷和短路保护用。一般用于正常供电的情况下不频繁地接通和切断电路，常装配在低压配电屏，电容器屏及车间动力配电箱中
断路器	QF	DZ 系列断路器	DZ 系列断路器适用于交流 50Hz、380V 电路中。配电用断路器在配电网络中用来分配电能和作线路及电源设备的过载和短路保护之用，保护电动机用断路器用来保护电动机的过载和短路，亦可分别作为电动机不频繁启动及线路的不频繁转换之用
		框架式断路器	框架式断路器适用于交流 50Hz、额定电流 4000A 及以下，额定工作电压 380V 的配电网络中，用来分配电能和线路及电源设备的过负载、欠压和短路保护。在正常工作条件下可作为线路的不频繁转换之用

续表

名称	电路的图形符号	实物	功能说明
交流接触器	KM 线圈 KM 主触头		可以用来实现远距离控制或频繁地接通、断开主电路。接触器主要控制对象是电动机，可以用来实现电动机的启动，正、反转运行等控制，也可用于控制其他电力负荷
倒顺开关	顺 停 倒 D1 L1 D2 D3 L2 D4 D5 L3 D6		倒顺开关广泛用于控制电动机，在正常条件下，可以用来实现小容量电动机频繁启动、停止的操作。倒顺开关主要控制功率在 5.5kW 以下电动机的启动、停止、反转运行控制。倒顺开关不具有失压保护功能，也不具备过载保护功能，必须与熔断器或断路器配合使用
组合开关			组合开关实质上也是一种特殊刀开关，只不过一般刀开关的操作手柄是在垂直安装面的平面内向上或向下转动，而组合开关的操作手柄是平行于安装面的平面内向左或向右转动

续表

名称	电路的图形符号	实物	功能说明
高压断路器	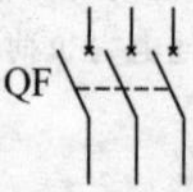 QF	 SN10型少油断路器  真空断路器	高压断路器在高压开关设备中是一种最复杂、最重要的电器，它在规定的使用条件下，可以接通和断开正常的负载电路；也可以在继电保护装置的作用下，自动地切断短路电流；大多数断路器在自动装置的控制下，还可以实现自动重合闸
高压隔离开关	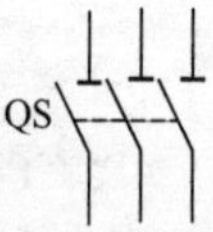 QS	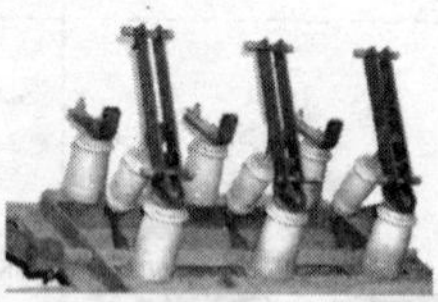	高压隔离开关（俗称高压刀闸）的动、静触头都是外露的，是一种没有灭弧装置的高压电器，拉开时有明显的断开点，它可以配合断路器使用。在设备检修时，拉开隔离开关后有明显的隔离作用，可以更加安全地做好保安措施，防止人身或设备事故的发生。它在合闸状态下，可以可靠地通过正常负荷电流和故障电流，它不能带负荷拉合，只能在与其串接于同一回路中的断路器分闸后，进行分、合操作

续表

名称	电路的图形符号	实物	功能说明
高压负荷开关			高压负荷开关具有简单的灭弧装置，可以在额定电压和额定电流的条件下，接通和断开电路。但由于高压负荷开关的灭弧结构是按额定电流设计的，所以不能切断短路电流。高压负荷开关在结构上与高压隔离开关相似，有明显的断开点，在性能上与断路器相近，是介于高压隔离开关与高压断路器之间的一种高压电器

二、电路中的主令电器

主令电器是人操作发出控制指令的电器，用于接通或断开控制电路，以发出操作命令或作程序控制的开关电器。主令电器主要包括控制按钮、万能转换开关及主令开关等。表 2-2 为电路中常用的主令电器。

表 2-2　电路中常用的主令电器

名称	电路的图形符号	实物	功能说明
控制按钮	SB 常开按钮 SB 常闭按钮		控制按钮属于主令电器之一，一般情况下不直接控制主电路的通断，而是在控制电路中发出“指令”去控制接触器或继电器等

续表

名称	电路的图形符号	实物	功能说明
万能转换开关	1 2 3 ①②③④⑤⑥⑦⑧		LW型万能转换开关用在交、直流220V及以下的电气设备中，可以对各种开关设备作远距离控制之用，它可作为电压表、电流表测量换相开关，或小型电动机的启动、制动、正反转转换控制，及各种控制电路的操作。其特点是转换开关的切换挡位多、触点数量多，一次切换操作可以实现多个命令切换

三、电路中的控制电器

在电路中起着将各种其他的变化转换成电信号的电器，称为控制电器，主要有时间、压力、温度、位置、速度等控制元件，常用的控制电器见表 2-3。

表 2-3 常用的控制电器

名称	电路的图形符号	实物	功能说明
时间继电器	KT KT KT	空气阻尼式时间继电器	空气阻尼式时间继电器，有通电延时型和断电延时形两种，其动作过程是，线圈不通电时，线圈的衔铁释放压住动作杠杆，延时和瞬时接点不动作；当线圈得电吸合后，衔铁被吸合，衔铁上的压板首先将瞬时接点按下，触点动作发出瞬时信号，这是由于衔铁吸合动作杠杆不受压力，在助力弹簧作用下慢慢地动作(延时)，

续表

名称	电路的图形符号	实物	功能说明
		电子式时间继电器	动作到达最大位置，杠杆上的压板按动延时接点，接点动作发出延时信号，直至线圈无电释放，动作结束电子式时间继电器是通过电子线路控制电容器充放电的原理制成的。它的特点是延时范围宽，可达0.1～60s、1～60min。它具有体积小、重量轻、精度高、寿命长等优点
中间继电器	KA 线圈 KA 常开接点 KA 常闭接点		中间继电器触点多(一般四对接点)，可以扩充其他电器的控制作用，中间继电器主要在电路中起信号传递与转换作用，用它可实现多路控制，并可将小功率的控制信号转换为大容量的触点动作，触点额定电流为5A
行程开关	SQ 常开接点 SQ 常闭接点		行程开关是位置开关的主要种类，其作用与按钮相同，能将机械信号转换为电气信号，只是触点的动作不靠手动操作，而是用生产机械运动部件的碰撞使触点动作来实现接通和分断控制电路

续表

名称	电路的图形符号	实物	功能说明
温度继电器	KTP t^0 或KTP		温度继电器是将两种热胀系数相差悬殊的金属牢固地复合在一起，形成蝶形双金属片，当温度升高到一定值，双金属片就会由于下层金属膨胀伸长大，上层金属膨胀伸长小而产生向上弯曲的力，弯曲到一定程度便能带动接点动作，实现接通或断开负载电路的功能；当温度降低到一定值，双金属片逐渐恢复原状，恢复到一定程度便反向带动电触点，实现断开或接通负载电路的功能
电接点温度计	KTP t^0 或KTP	定值调整钮 温度指针 上限接点 下限接点 热电偶(温度探头) 控制线	电接点温度计是利用温度变化时带动触点变化，当其与上下限接点接通或断开的同时，使电路中的继电器动作，从而自动控制及报警
压力继电器	KP P	调整钮 弹簧 微动开关 柱塞 杠杆 进口 压力继电器的构造	压力继电器是当气压、液压系统中压力达到预定值时，能使电接点动作的元件，压力继电器是利用气体或液体的压力来启动电气接点的压力电气转换元件

续表

名称	电路的图形符号	实物	功能说明
速度继电器	n Kn n 常开触点 Kn n 常闭触点	胶木摆杆 簧片(动触点) 电动机轴 转子(永久磁铁) 定子 定子绕组 胶木摆杆 簧片 簧片(动触点) 动断 静触点 静触点 动合 静触点 速度继电器的结构	速度继电器是将机械的旋转信号转换为电信号的电器元件。速度继电器的转子与被控制电动机的转子相接，其辅助触点在一定转速情况下会动作，其动合触点闭合，动断触电断开，主要作用是对电动机实现反接制动的控制
固体继电器(SSR)	输入端 输出端 AC SSR 控制端 输出端		固体继电器是一种无触点通断电子开关，固体继电器的文字符号是SSR，固体继电器由输入电路、隔离(耦合)和输出电路三部分组成
信号继电器	KS		信号继电器在继电保护之中用来发出指示信号，因此又称指示继电器，10kV系统中常用的DX型、JX电磁式信号继电器，有电流型和电压型两种，电流型信号继电器的线圈为电流线圈，阻抗小，串联接在二次回路内，不影响其他元件的动作；电压型信号继电器的线圈为电压线圈，阻抗大，必须并联使用

四、电路中的保护电器

保护电器是一种用于保护用电设备的装置，当电路出现短路、过电流、过电压等异常时立刻断开电源，从而避免电器设备烧毁以及电器火灾的发生。常用的保护电器见表 2-4。

表 2-4 常用的保护电器

名称	电路的图形符号	实物	功能说明
低压熔断器	FU		低压熔断器适用于低压交流或直流系统中，当电路正常时，熔体温度较低，不能熔断，如果电路发生严重过载或短路并超过一定时间后，电流产生的热量使熔体熔化分断电路，起到保护的作用
高压跌开式熔断器			高压跌开式熔断器也称高压户外熔断器，俗称跌落保险。它常应用于 10kV 配电线路及配电变压器的高压侧作短路及过载保护。在一定的条件下，它可以分、合空载架空线路，空载变压器以及小负荷电流。当熔丝熔断时熔管“跌落”下来，切断了电弧并形成了明显的安全隔离间隙。高压跌开式熔断器除故障时能自动“跌落”外，在正常时还可借助于绝缘拉杆拉开或推上熔管来分、合电路
热继电器	热元件部分 常开触点 常闭触点		热继电器是控制保护电器元件。热继电器是利用电流的热效应来推动动作机构，使控制电路分断，从而切断主电路

续表

名称	电路的图形符号	实物	功能说明
电动机保护器	FM		电动机保护器是一种新型的电动机保护装置,它与热继电器工作原理不同。保护器是利用电子测量装置,将电动机电流转换成电子信号,由一个主控电路进行比较运算,得出结果后带动控制元件输出控制指令。电动机保护器的优点是使用范围广,调节电流范围大,一般为2~80A,动作时间0~120s可调
电涌保护器			电涌保护器采用了一种非线性特性极好的压敏电阻,在正常情况下,电涌保护器处于极高的电阻状态,漏流几乎为零,保证电源系统正常供电。当电源系统出现过电压时,电涌保护器立即在纳秒级的时间内迅速导通,将该过电压的幅值限制在设备的安全工作范围内,同时把该过电压的能量对地释放掉。随后,保护器又迅速地变为高阻状态,因而不影响电源系统的正常供电
高压避雷器			高压避雷器是电力系统变配电装置、电气线路、用电设备防雷保护中最常用的防雷保护装置。主要作用是防止雷电波浸入造成电气设备绝缘损坏。避雷器与被保护装置并联,当线路上出现雷电波过电压时,通过避雷器对地放电,避免出现电压冲击波,防止被保护设备的绝缘损坏和保证人身安全

续表

名称	电路的图形符号	实物	功能说明
漏电保护器	QR	进线端 试验按钮 复位按钮 出线端 漏电保护器控制钮	漏电保护器主要用于对有致命危险的人身触电提供间接接触保护，以及防止电气设备或线路因绝缘损坏发生接地故障由接地电流引起的火灾事故，也可作为直接接触的补充保护，但不能作为唯一的直接接触保护
电流继电器	I		电流继电器是继电保护电路中重要的电器元件，在继电保护装置中为电路的启动元件。DL 型电流继电器有两个电流线圈，利用连接片可以接成串联或并联，当由串联改为并联时，动作电流增大 1 倍。动作电流的调整分为粗调和细条
电压继电器	V		电压继电器是继电保护电路中重要的电器元件，在继电保护装置中是一种过电压和低电压及零序电压保护的重要继电器，电压继电器的文字符号为 KA，变配电系统常用电压继电器有 DJ 系列

五、电路中的测量电器元件

电路中常用的测量电器元件见表 2-5。

表 2-5　电路中常用的测量电器元件

名称	电路的图形符号	实物	功能说明
电压表	 V		电压表并联在电路的两端，电压表的量程应大于实际电压 1.1 倍
电流表	 A		电流表串接在电路中，电流表的量程应大于实际电流的 1.3 倍
单相电能表	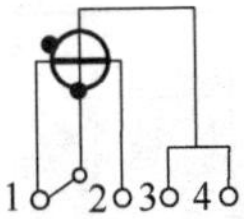 1 2 3 4		单相用电量的计量仪表，仪表的电流线圈串联在负载电路中，电压线圈并联电路中
三相电能表	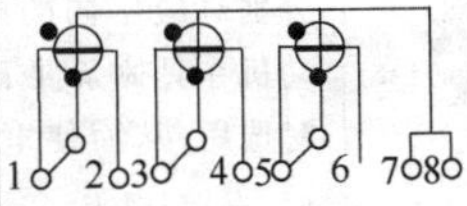 1 2 3 4 5 6 7 8		用于三相平衡或不平衡电路中用电量的计量仪表，仪表的电流线圈串联在负载电路中，电压线圈并联电路中

续表

名称	电路的图形符号	实物	功能说明
电压互感器			将高电压变成低电压，便于测量、计量和电路的继电保护
电流互感器			将大电流变成小电流，便于测量、计量和电路的继电保护

六、启动器

常用启动器见表 2-6。

表 2-6　启动器

名称	电路的图形符号	实物	功能说明
自耦减压启动器			自耦减压启动器是根据自耦变压器的原理设计的。它的原副线圈共用一个绕组，绕组中引出两组电压抽头，分别对应不同的电压，供电动机在具体条件下降压启动时选用，从而使电动机获得适当启动电流

续表

名称	电路的图形符号	实物	功能说明
频敏变阻启动器	RF		频敏变阻启动器用于绕线式电动机的启动，它与电动机转子绕组串联，可以减小启动电流，平稳地启动，它的特点是阻抗随通过电流的频率变化而改变。由于频敏变阻器是串联在绕线式电动机的转子电路中的，在启动过程中，变阻器的阻抗随着转子电流频率的降低而自动减小，电动机平稳启动之后，再短接频敏变阻器，使电动机正常运行
磁力启动器	单方向磁力启动器	Y-△磁力启动器	磁力启动器是由交流接触器、热继电器与控制按钮组成的组合控制电器。它广泛用于三相电动机的直接启动、停止及正、反转，Y-△启动器等电路控制。磁力启动器按其结构形式分为开启式和防护式。使用时只需接通电源线和电动机线即可

七、电路中的执行电器元件

执行元件能够根据控制系统的输出要求，驱动将电能变成其他动能的器件。如实现各种机械动作的电动机、控制管道的电磁阀、令设备停止的制动器等。常用的执行电器元件见表 2-7。

表 2-7　常用的执行电器元件

名称	电路的图形符号	实物	功能说明
电动机	M		电动机是使用最多的电器执行元件，它可以把电能变成各种机械动作，常用的电动机有三相电动机、单相电动机
电磁制动器	YB	弹簧 衔铁 闸轮 闸瓦 铁芯 轴 线圈	电磁制动器主要由制动电磁铁和闸瓦制动器两部分组成。制动电磁铁由铁芯、衔铁和线圈三部分组成，并有单相和三相之分。闸瓦制动器包括闸轮、闸瓦、杠杆和弹簧等；闸轮与电动机装在同一根转轴上。制动强度可通过调整机械结构来改变
电磁阀	-YV		电磁阀是用电磁控制的工业设备，用在工业控制系统中调整介质的方向、流量、速度和其他的参数。电磁阀有很多种，不同的电磁阀在控制系统的不同位置发挥作用
电热棒	R		电热棒有 220V 和 380V 两种

Chapter 3

第三章 电工电路的识图规律与技巧

一、识图的基本要求

电工识图要做到“五个结合”。

(1) 结合电工基础知识识图。为了正确而迅速地识图，具备良好的电工基础知识是十分重要的。各种变配电所、电力拖动、照明以及电子电路等的设计。都离不开电工基础知识。例如，变配电所中各电路的串、并联设计及计算，为提高功率因数而采用补偿电容的计算及设备。又如，电力拖动中常用的笼型异步电动机的正、反转控制，是根据三相电源相序决定电动机旋转方向的原理从而达到实现电动机正、反转目的，而星-三角启动则利用的是电压变化使电动机启动电流及转矩变化的原理。

(2) 结合电器元件的结构和工作原理识图。电路由各种元器件、设备、装置组成，例如，电子电路中的电阻、电容、各种晶体管等，供配电高低压电路中的变压器、隔离开关、断路器、互感器、熔断器、避雷器以及继电器、接触器、控制开关、各类型高低压柜（屏）等，只有掌握了它们的用途、主要构造、工作原理及与其他元器件的相互关系（如连接、功能及位置关系)，才能看懂电路图。图 3-1 电路图中的 KA、KT、KS、KM 分别为电流继电器、时间继电器、信号继电器、接触器。要看懂图，就必须要把这几种继电器的功能、主要构造（线圈、触点)、动作原理（如时间继电器的延时闭合或延时断开）及相互关系搞清楚。

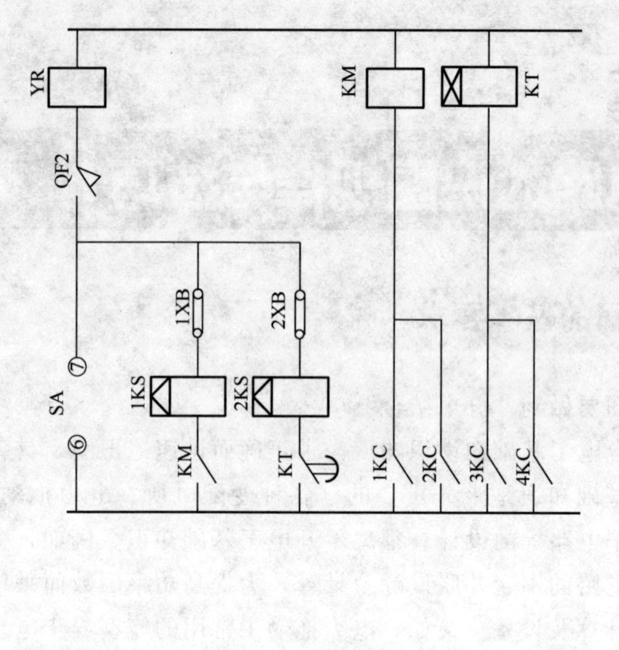

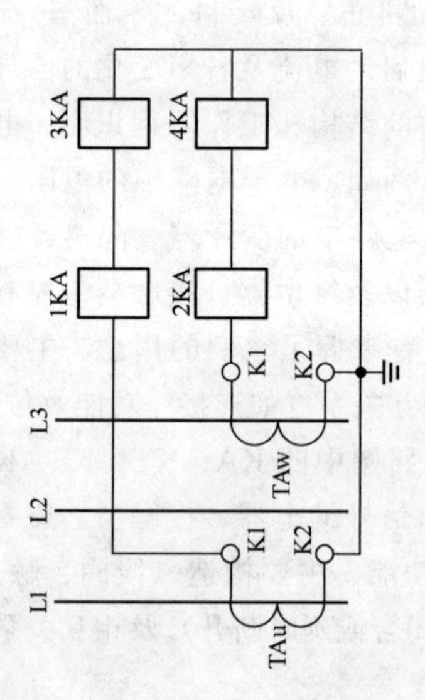

图 3-1 10kV供电系统的定时限速断、过流保护电路

（3）结合典型电路识图。复杂的电路图都是由典型电路演变而来，或者由若干典型电路组合而成的。在识图时抓住典型电路，分清主次环节及其与其他部分的相互联系，对于识图是很重要的。图 3-2 所示的电动机星-三角启动控制电路，可以分解成单方向控制电路和互锁控制电路的组合而成。

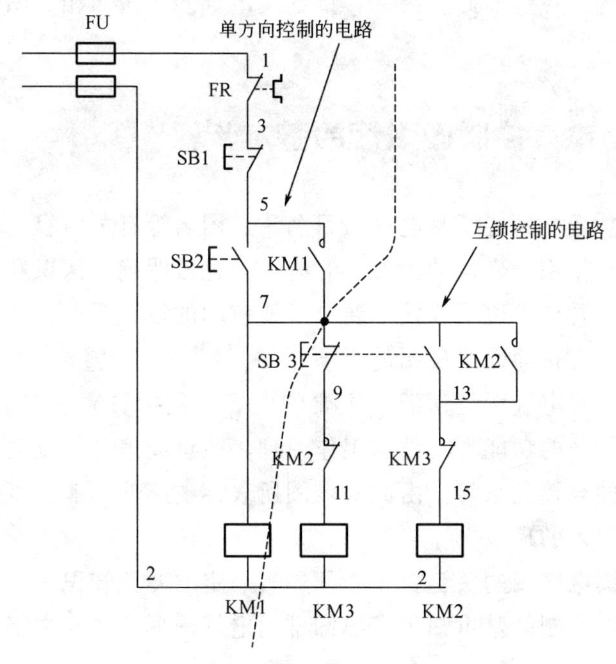

图 3-2　由典型电路组成的复杂电路

典型电路，即常见、常用的基本电路，如电力拖动中的启动、制动、正反转控制电路、联锁电路、行程限位控制电路。又如供配电系统中电气主接线最常见、常用的是单母线接线，由此典型电路可导出单母线不分段、单母线分段接线，而单母线分段又有隔离开关（低压电路为刀开关）分段和断路器分段之分。

（4）结合电气图的绘制特点识图。掌握了电气图的主要特点及绘制电气图的一般规则，例如电气图的布局、图形符号及文字符号的含义、图线的粗细、主副电路的位置、电气触点的画法、电气图与其他专业技术图的关系等，对识图大有帮助。

（5）结合其他专业技术图识图。其他专业技术图包括土建图、管道图、机械设备图等，电气图往往同它们密切相关，各种电气布置图更是如此。因此，读这类电气图时应与相关图样一并识读。

二、电气控制图识读的基本步骤

（1）看标题栏了解电气项目名称、图名等有关内容，对该图的类型、作用、表达的大致内容有一个比较明确的认识和印象。

（2）看技术说明或技术要求了解该图的设计要点、安装要求及图中未表达而需要说明的事项。

（3）看电气图是识图最主要的内容，包括看懂该图的组成、各组成部分的功能、元件、工作原理、能量或信息的流动方向及各元件的连接关系等。由此对该图所表达电路的功能、工作原理有比较深入的理解。

识读电气图的关键在于必须具有一定的专业知识，并且要熟悉电气图绘制的基本知识，熟知常用电气图形符号、文字符号和项目代号。

首先，根据绘制电气图的一般规则，概要了解该图的布局、主要元器件图形符号的布置、各项目代号的相互关系及相互连接等。

其次，按不同情况可分别用下列方法进行分析。

① 按能量、信息的流向逐级分析。如从电源开始分析到负载，或由信号输入分析到信号输出。此法适用于供配电及电子电路图。

② 按布局从主至次、从上至下、从左至右逐步分析。如图3-3所示是一个机床的电气控制电路原理图，从上至下、从左至右的布局关系始终贯穿整个电路。

③ 按主电路、控制电路（也称为二次回路）各单元进行分析。分析主电路，然后分析各二次回路与主电路之间、二次回路相互之间的功能及连接关系，如图3-4所示。这种办法适用于识读工厂供配电、电力拖动及自动控制方面的电气图。再要注意电气与机械机构之间的连接关系。

④ 由各电元器件在电路中的作用，分析各回路乃至整个电路的功能、工作原理。

⑤ 由元件、设备明细表了解元件或设备名称、种类、型号、主要技术参数、数量等。

三、供配电系统项目识图的基本步骤

识读供配电系统项目图的基本步骤一般是，从标题栏、技术说明到图形、元件明细表，从总体到局部，从电源到负载，从主电路到副电路，从电路到元件，从上到下，从左到右。

(1) 看图样说明，包括首页的图样目录、技术说明、设备材料明细表和设计、施工说明书等，由此对工程项目的设计内容及总体要求大致有所了解，有助于抓住识图的重点内容。

(2) 看电气原理图（原理接线图）时，先要分清主电路和副电路、交流电路和直流电路，再按照先看主电路、后看副电路的顺序读图。

看主电路时，一般是由上而下即由电源经开关设备及导线向负载方向看；看副电路时，则从上到下、从左到右（少数也有从右到左的），即先看电源，再依次看各个回路，分析各副电路对主电路的控制、保护、测量、指示、监察功能，以及其组成和工

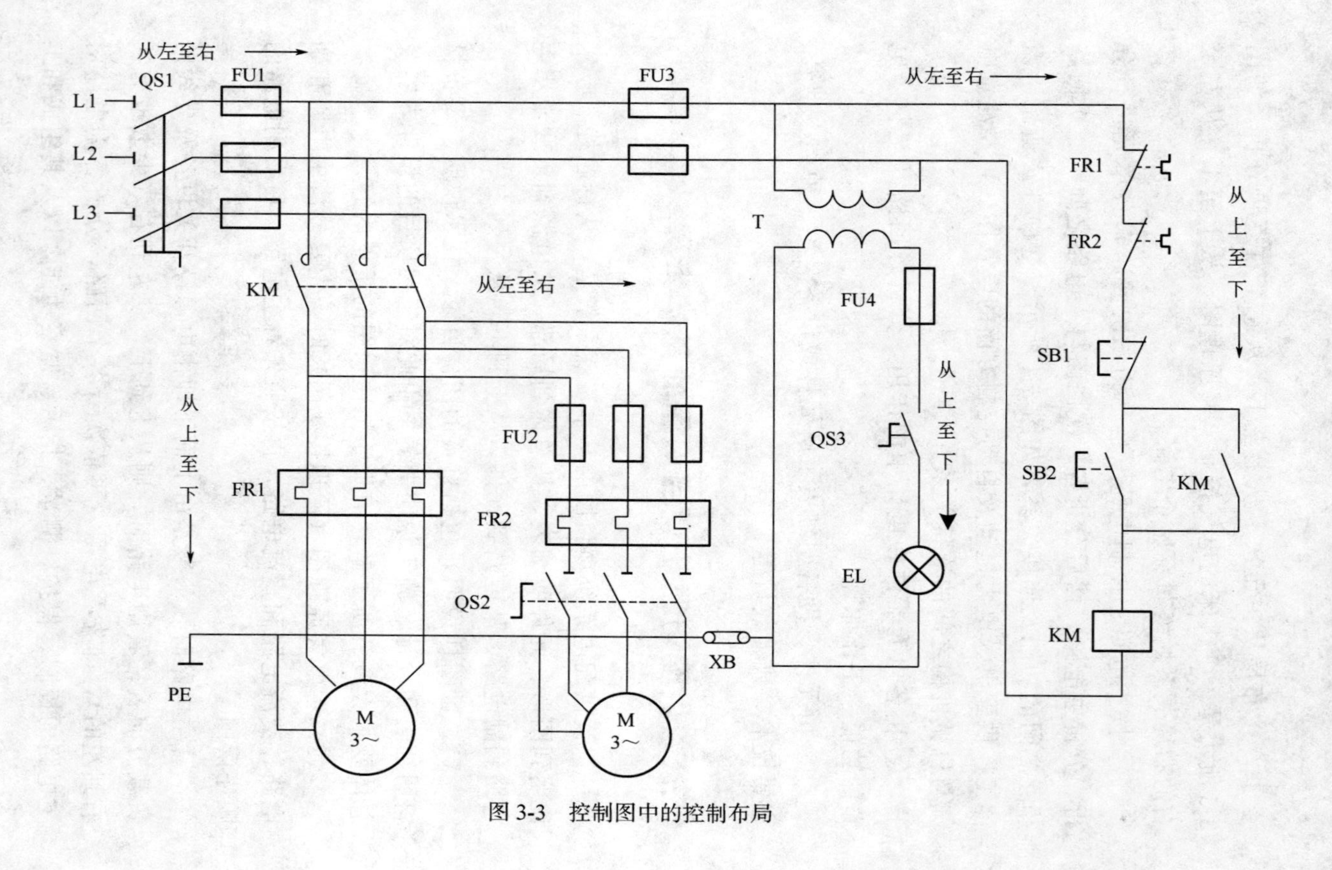

图 3-3 控制图中的控制布局

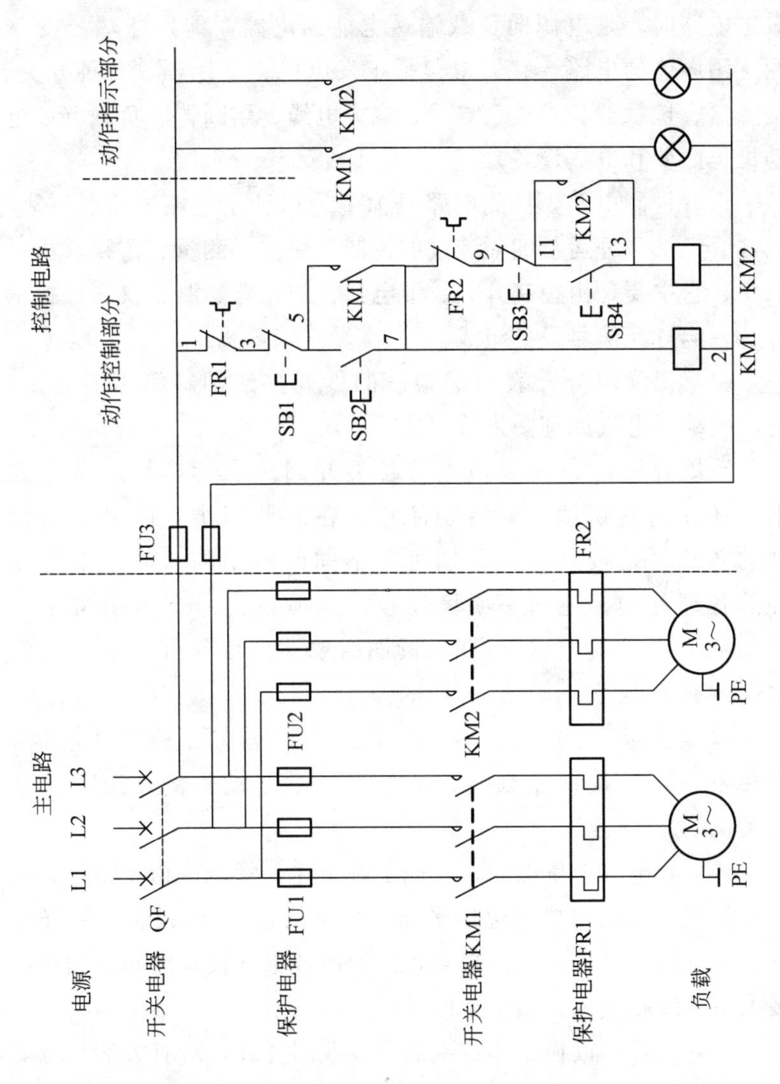

图 3-4　主电路、控制电路的区分

作原理。

（3）看电气原理图时，同样是先看主电路，再看控制电路。

看主电路时，是电源向负载输送电能的电路，即发→输→变→配→用电能的电路，它通常包括了发电机、变压器、各种开关、互感器、接触器、母线、导线、电力电缆、熔断器、负载（如电动机、照明和电热设备）等。

再看控制电路，控制电路是为了为保证主电路安全、可靠、正常、经济合理运行的而装设的控制、保护、测量、监视、指示电路，它主要是由控制开关、继电器、脱扣器、测量仪表、指示灯、音响灯光信号设备组成。

(4) 识读用分开表示法绘制的展开接线图（简称展开图）时，应结合电气原理图进行识读。

看展开图时，一般是先看各展开回路名称，然后从上到下、从左到右识读。要特别注意，在展开图中，同一电器元件的各部件是按其功能分别画在不同回路中的（同一电器元件的各部件均标注同一项目代号，其项目代号通常由文字符号和数字编号组成），因此，读图时要注意该元件各部件动作之间的相互联系。

同样要指出的是，一些展开图的回路在分析其功能时，往往不一定是按从左到右、从上到下顺序动作的，而可能是交叉的。

(5) 看电气布置图时，要先了解土建、管道等相关图样，然后看电气设备的位置（包括平面、立面位置），由投影关系详细分析各设备的具体位置及尺寸，并弄清各电气设备之间的相互连接关系，线路引入、引出走向等。

最后，除了读懂工作需要的本专业图样外，对有关的其他电气图、技术资料、表图等，以及相关的其他专业技术图也应有所了解，以便全面掌握该电气项目情况，并对识读本专业图样起到重要的帮助作用。

第四章 电工基本测量电路图

一、电工测量仪表的作用

反映电力装置的运行参数，监测电力装置回路的运行状况，计量一次系统消耗的电能。保证一次系统安全、可靠、优质和经济合理地运行，必须装设一定数量的电工测量仪表。

二、变配电装置中各部分仪表的配置要求

按照《电力装置的电测量仪表装置设计规范》的规定，电工测量仪表配置要求如下。

（1）工厂电源进线侧必须安装有计费功能的有功电能表和无功电能表，并配备专用的电流、电压互感器，即专门用于连接计费用电能表的互感器，而不得接用其他仪表或继电器。

（2）母线每一段都必须装设电压表测量电压，一般都加电压转换开关以分别测量三个线电压。对小电流接地系统，要装设绝缘监察装置（其中用三只电压表，正常运行时显示相电压；发生单相接地时，故障相电压接近为零，非故障相电压升高为线电压）。

（3）降压变压器的两侧均应装设电流表以判断其负荷情况，装设电压表以了解其电压是否正常；当低压侧为三相四线制时，则每相都应装设电流表。对于电压在6～10kV、容量在315kV·A

及以上的变压器，高压侧还应装设三相有功电能表和无功电能表，而容量在 315kV·A 以下的，一般把电能表装于低压侧，以省去电压互感器。

（4）6～10kV 高压配电线路应配置一只电流表了解其负荷情况。如果需要计量电能，则还要装设三相有功电能表和无功电能表。

（5）三相四线制的低压配电线路一般应装设三只电流表（或一只电流表加电流转换开关），以测量各相电流，特别是照明电路，对于三相负荷平衡的动力线路，可只装一只电流表。如需计量电能，则一般应装设三相四线有功电能表；对负荷平衡的线路，也可以只装一只单相有功电能表，而实际耗用电能为其计量的 3 倍。

（6）需要进行技术经济考核的 75kW 及以上电动机除装设电压表、电流表了解电源电压及电动机运行状况是否正常外，还应装设三相三线有功电能表。

（7）并联电力电容器电路应配置三只电流表以监视其三相负荷是否平衡。如需要计量无功电能，则应装设无功电能表。对 1200V 及以上的并联电力电容器组，应配置无功功率表测量无功功率。

按规定，三相负荷不平衡率大于 10%的 1200V 及以上的电力用户线路及三相负荷不平衡率大于 15%的 1200V 以下的供电线路，都应采用三只电流表分别测量三相电流。

按照电工测量仪表电路中是否装设互感器分为直接式和间接式测量，电工测量仪表不经过互感器而直接接入被测电路的为直接式测量（也称为一次电路式），如图 4-1 所示；而电工测量仪表经过互感器接入所测电路的为间接式测量（也称为二次电路式）。

三、常用电流测量仪表的典型电路

电流测量电路有直接测量和间接测量两种。低压小电流常用直接测量法，而高压大电流则应用间接测量法。测量直流电流采用磁电式电流表、万用表；测量交流电流的常用仪表有电磁式电流表、万用表、电子电压表、数字万用表等。

以下讲述的是用电磁式仪表测量交流电路电流的常用接线。电流测量电路常用的接线方式见图 4-1。

1. 直接测量电流电路

图 4-1 所示为电流表直接串接在被测电路中的接线。这种接线方式常用于低压（380V 及以下）、小电流（一般在 25A 以下）的电路中。

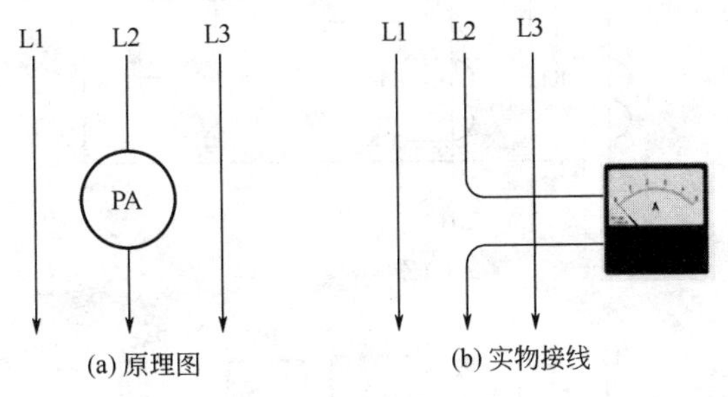

图 4-1　电流表直接串联接线

2. 单相电流互感器测量电路

如图 4-2 所示，在一相线路（三相平衡线路中为 L2）中安装一只电流互感器，电流表串接在其电流互感器二次侧。这种接线方式适用于测量高压和低压、大电流的三相平衡电路和单相电路。

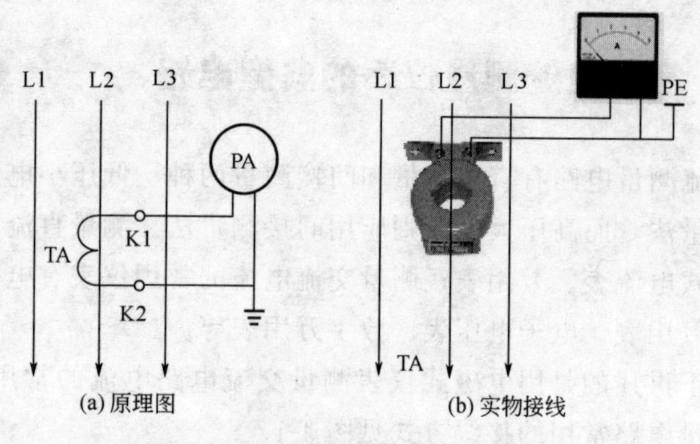

图 4-2 单相式电流互感器测量电路

3. 两相电流互感器 V 形接线测量电路

如图 4-3 所示，在电源 L1、L3 两相接入电流互感器呈 V 形

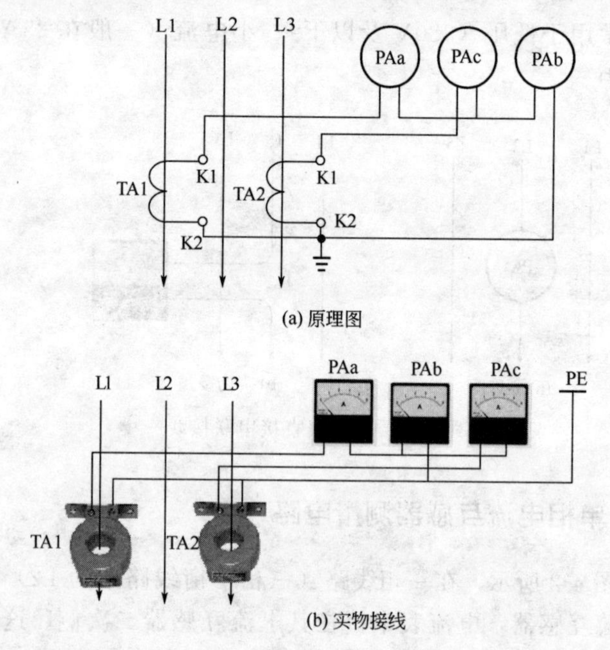

图 4-3 两相电流互感器 V 形接线测量电路

接线，也称不完全 Y（星）形接线。三只电流表分别串接在两只电流互感器的二次侧，其中，与 TA1、TA2 二次侧直接连接的电流表 PAa、PAc，分别测量 L1、L3 两相线路的电流，而连接在公共线路上的电流表 PAb 所流过的电流是 TA1、TA2 两只电流互感器二次侧电流的相量和，其读数正好是未接电流互感器的 L2 相线路的二次电流。因此，三只电流表分别测量出各相电流值。这种接线广泛应用于三相平衡或不平衡的三相三线制线路中，既可用于测量，也可用于继电保护。

4. 三相电流互感器三只电流表测量电路

如图 4-4 所示的接线又称三相 Y（星）形接线，三只电流表分别与三相电流互感器的二次侧相接，可以分别测出各相电流。

这种接线广泛应用于中性点直接接地的三相三线制特别是三相四线制不平衡电路中，既可用于测量，也可用于继电保护。

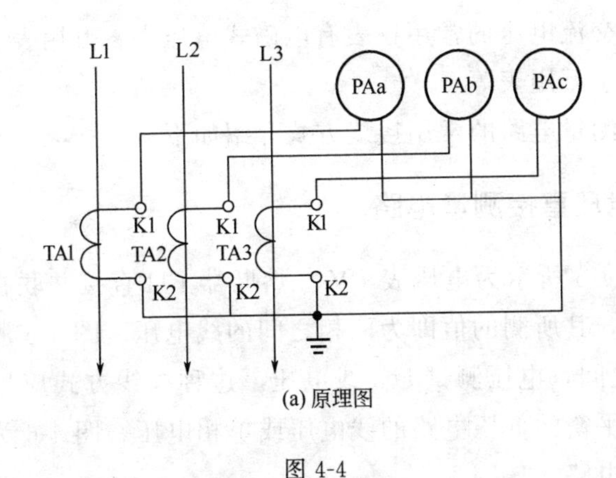

(a) 原理图

图 4-4

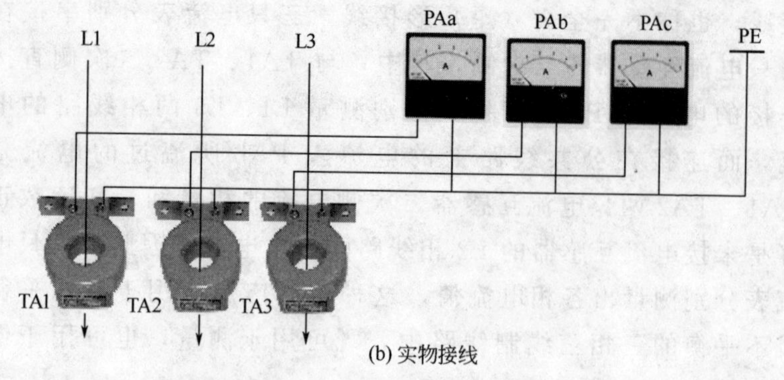

(b) 实物接线

图 4-4　三相电流互感器三只电流表测量电路

四、常用电压测量仪表的典型电路

电压测量电路交流电压表由电磁系测量机构构成，其准确度可达 0.2～0.5 级，测量范围通常为 1～1000V，与电压互感器配合使用时，可以测量高压电路的电压值。

测量直流电压的常用仪表有磁电式电压表、万用表、直流数字电压表。

测量交流电压的常用仪表有电磁式电压表、万用表、电子电压表、数字万用表等。

电压测量电路的常用接线方式介绍如下。

1. 电压直接测量电路

如图 4-5 所示为电压表 PV 经熔断器 FU 直接并联在电路的两相之间，其所测的值即为两相之间的线电压。图 4-5 测量的是 L1、L3 之间，电压测试 U_{AC} 线电压。这种接线方式应用于测量三相电压平衡的低压电路的线电压或单相电压。图 4-6 为电路相电压测量电路。

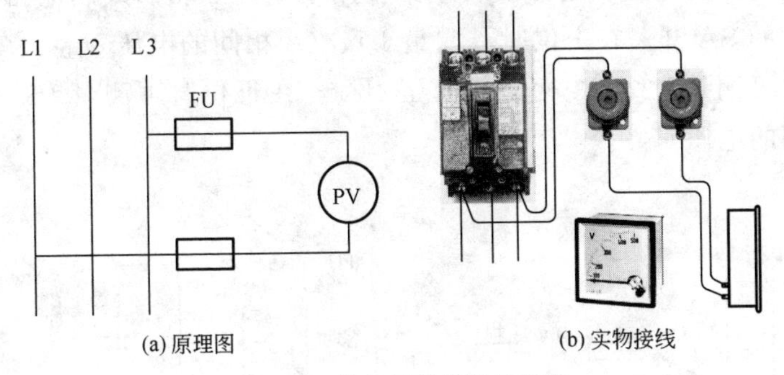

图 4-5 线电压直接测量电路

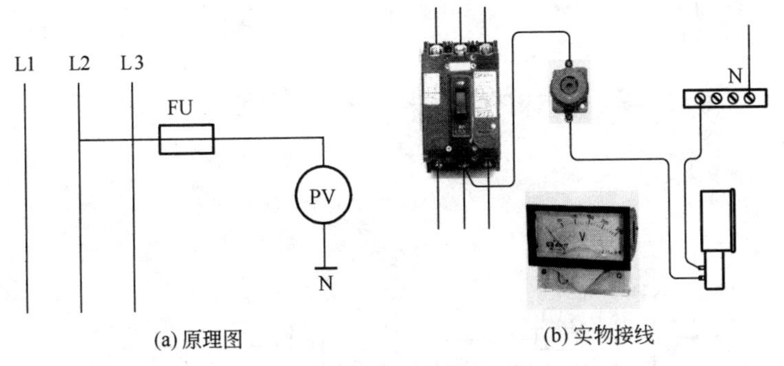

图 4-6 相电压直接测量电路

2. 单相电压互感器测量电路

如图 4-7 所示，电压表接在一只单相电压互感器的二次侧，用以测量线路电压。这种接线方式用于测量高压电路的线间电压。

3. 一只电压表测量三相电压的测量电路

图 4-8 为由一只电压表经电压转换开关接线，可以测量三相

线间电压的电路。这种接线广泛应用于低压三相四线制电路中。图中的SA开关在Ⅰ位时可测量L1、L2相间的电压U_{UV}、在Ⅱ位时可测量L2、L3相间的电压U_{VW}，在Ⅲ位时可测量L3、L1相间的电压U_{WU}。

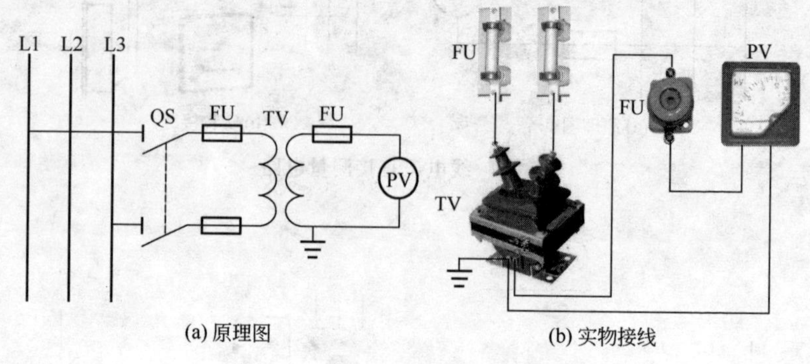

(a) 原理图 (b) 实物接线

图 4-7 单相电压互感器测量电路

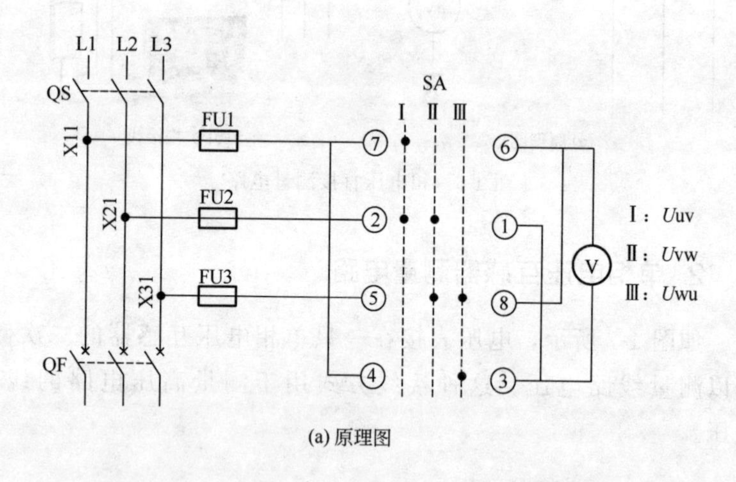

(a) 原理图

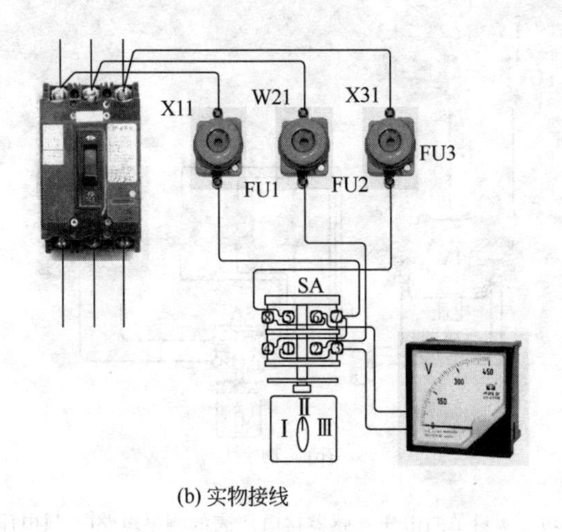

(b) 实物接线

图 4-8　一只电压表测量三相电压的测量电路

4. 两只单相电压互感器接电压表的测量电路

如图 4-9、图 4-10 所示，两只单相电压互感器接成 V/V 形，供电压表（一只或三只）接于三相三线制电路中测量电路的线电压。它广泛地用在 6～10kV 的高压电路中。

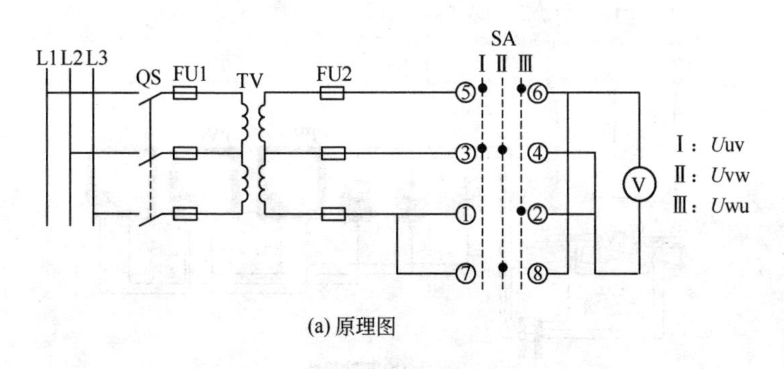

(a) 原理图

图 4-9

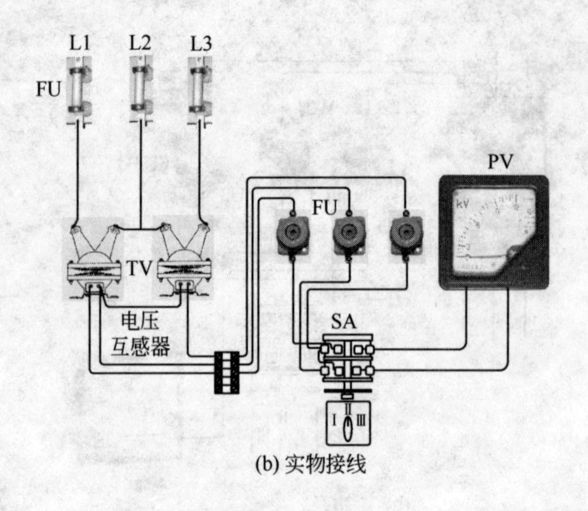

(b) 实物接线

图 4-9　两只单向电压互感器接电压表的测量电路(一只电压表)

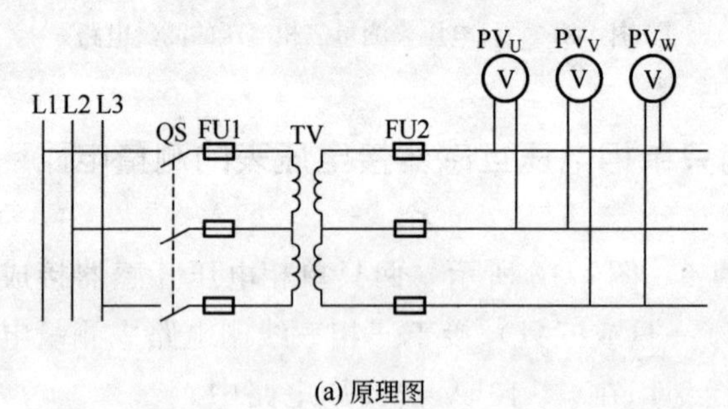

(a) 原理图

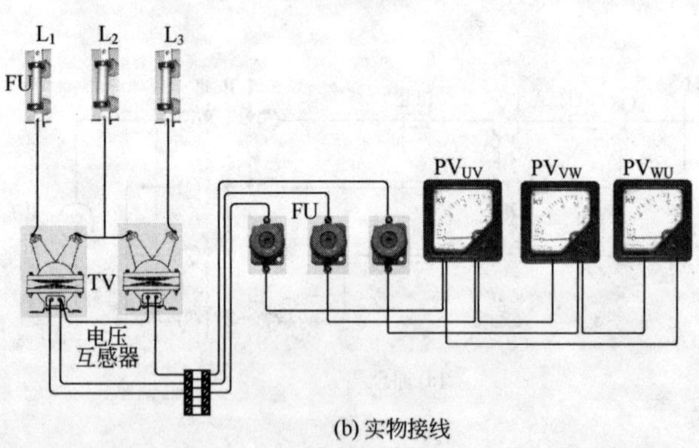

(b) 实物接线

图 4-10　两只单相电压互感器接电压表的测量电路(三只电压表)

5. 三个单相电压互感器接三只电压表的测量电路

图 4-11 为三个单相电压互感器接成 Y/Y 形，三只电压表接在相电压上的测量电路。

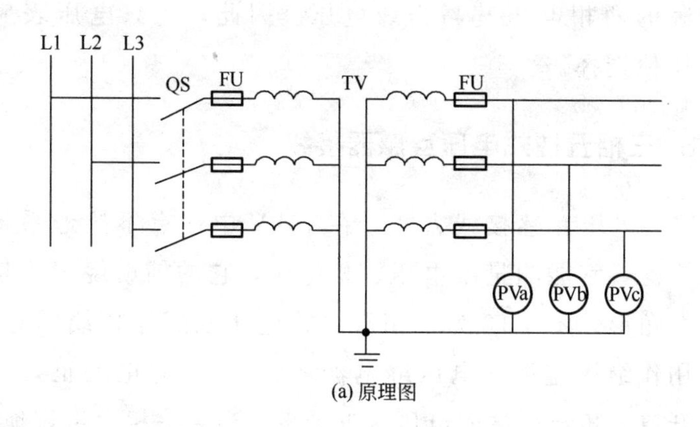

(a) 原理图

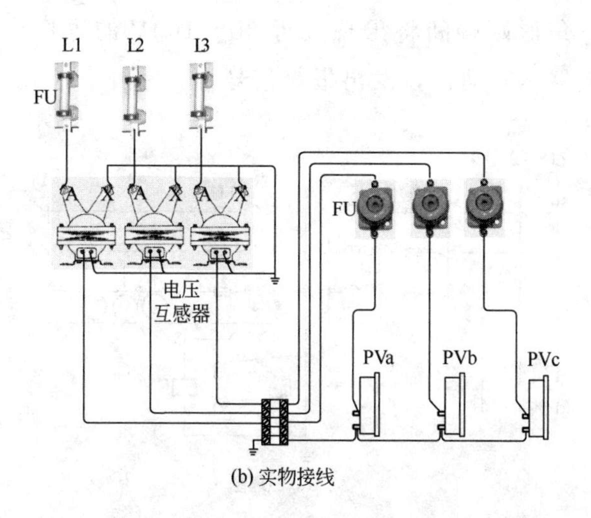

(b) 实物接线

图4-11　三个单相电压互感器接三只电压表的测量电路

这种接线方式用于高压电路中供电给要求线电压的仪表、继电器，并供电给接相电压的绝缘监察电压表。在小电流接地的电力系统中，正常运行状态时三只电压表显示相电压，当发生单相接地故障时，故障相电压接近为零，非故障的两相电压升高为线电压。因此，三只电压表应按线电压值选择。

6. 三相五柱式电压互感器接线

这种电压互感接线方式，在10kV中性点不接地系统中应用广泛，它能测量线电压、相电压，它的辅助绕组连接成开口三角形。图4-12为三相五柱式电压互感器接线示意图，供给用作绝缘监视的电压继电器KV，当一次电路正常工作时，开口三角形两端的电压接近于零。当某一相发生接地时，开口三角形两端间将出现接近30～100V的零序电压，使电压继电器KV动作，发出报警信号。

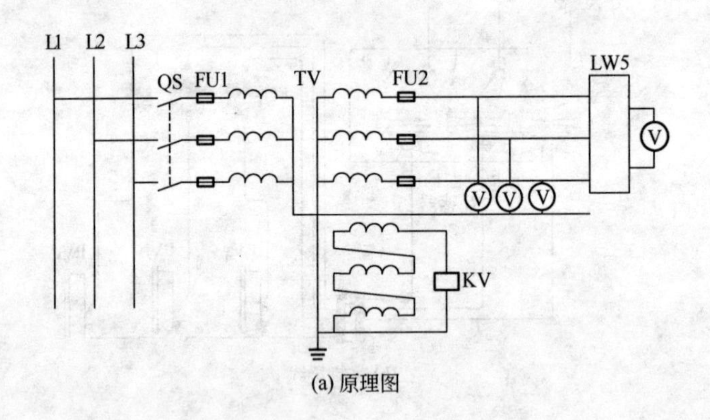

(a) 原理图

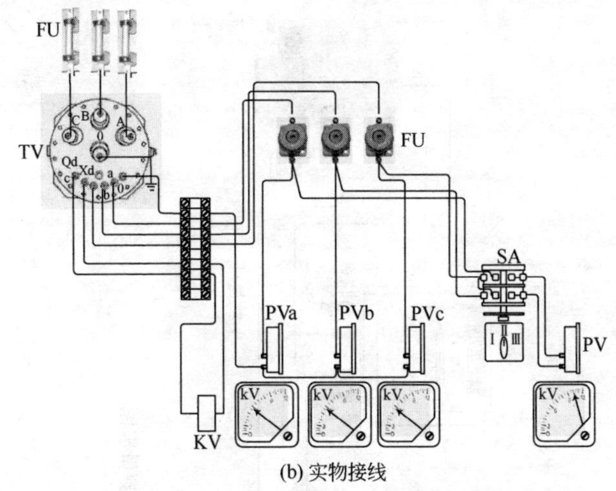

(b) 实物接线

图4-12　三相五柱式电压互感器接线示意图

五、电能测量电路

测量电能使用电能表（俗称“电度表”），用电动系直流电能表测量直流电能，用感应系交流电能表测量电流电能，在这里主要讲述交流电能表的测量电路。

交流电能表按相数分为单相、三相电能表（三相电能表按线数不同又有三线、四线之别）按所反映的电能不同分为有功电能表和无功电能表；按结构分的不同分为感应式和全电子多功能式电能表；按接线分为直接式与间接式电能表。

1. 单相直接式有功电能表

单相直接式有功电能表是用以计量单相电气消耗电能的仪表，单相电能表可以分为感应式和电子式两种。目前，家庭使用的多数是感应式单相电能表。如图 4-13 所示，电能表的电流线圈与相线 L 串联，电压线圈与电路并联，这种接线适用于低压小电流电路，单相电能表的常用额定电流有 2.5A、5A、10A、15A、20A 等规格。

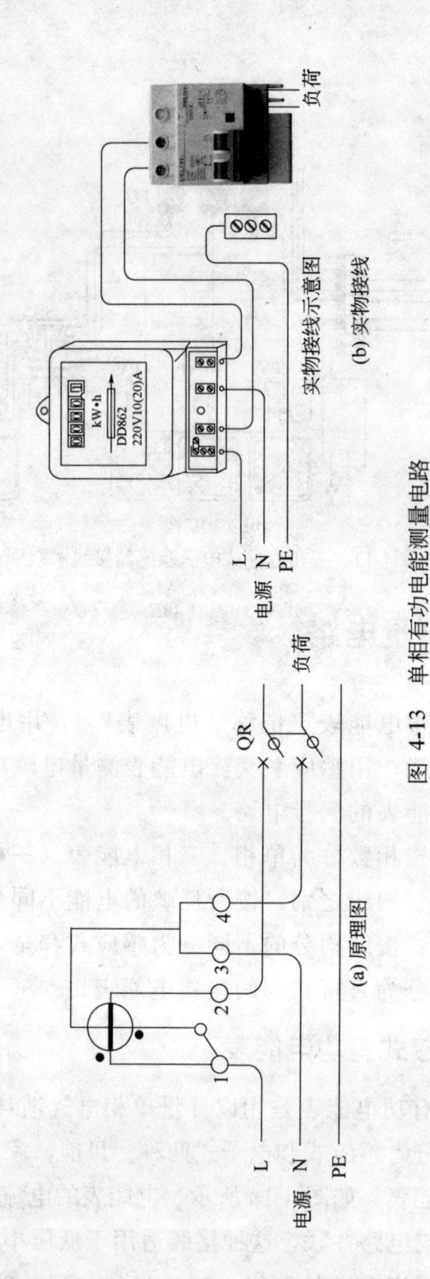

图 4-13 单相有功电能测量电路

2. 单相有功电能表配电流互感器接线

当单相负荷电流过大，没有适当的直入式有功电能表可满足其要求时，应采用经电流互感器接线的计量方式，如图 4-14 所示。

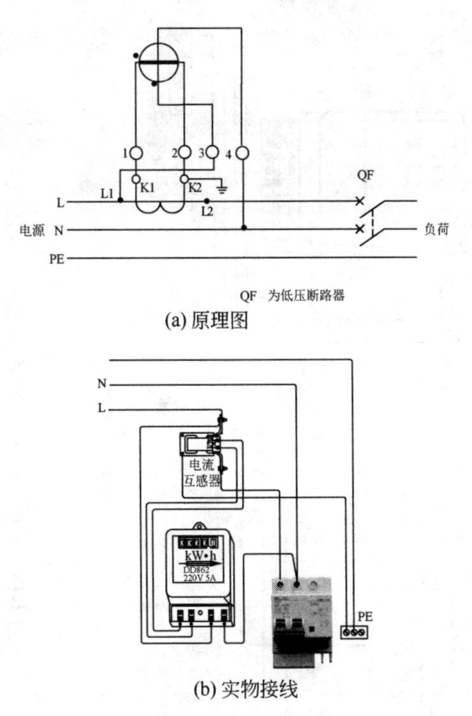

(a) 原理图

(b) 实物接线

图 4-14 单相有功电能表配电流互感器接线

3. 三相三元件有功电能表直接式电路

三相三元件有功电能表测量电路如图 4-15 所示，有功电能表的三个电流线圈分别与三根相线串联，三个电压线圈与三根相线并联，公共线接 N 线，这种仪表适用于三相平衡或不平衡的三相四线制低压小电流电路。

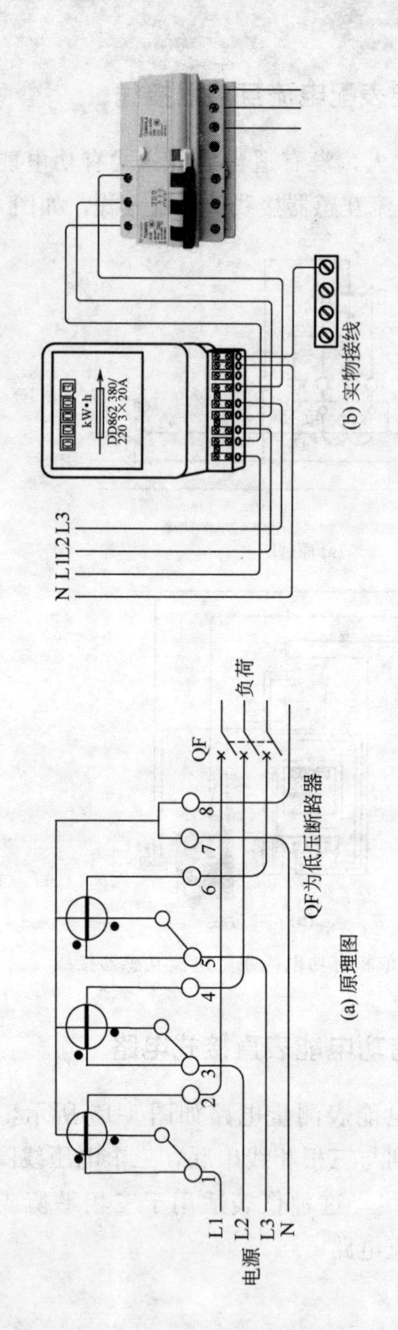

图 4-15 三相三元件有功电能表直接式电路

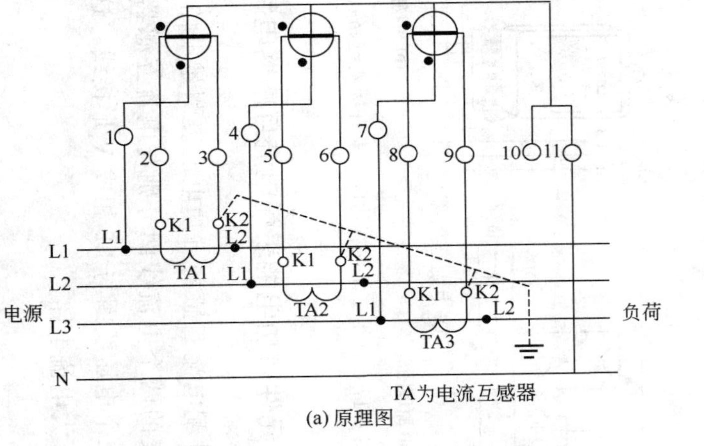

(a) 原理图

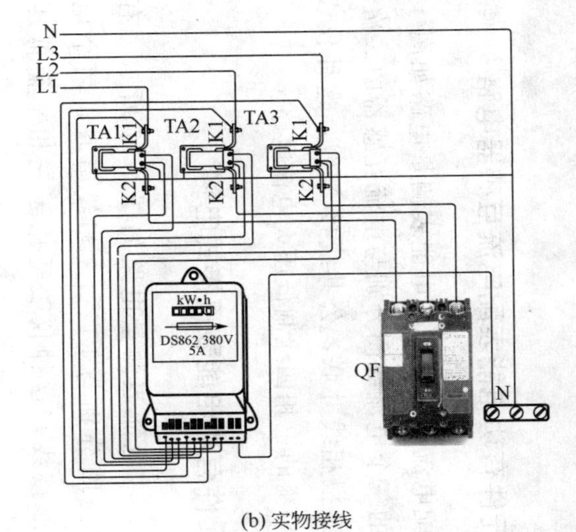

(b) 实物接线

图 4-16　三相三元件有功电能表配电流互感器电路

4. 三相三元件有功电能表配电流互感器电路

三相三元件配电流互感器有功电能表测量电路如图 4-16 所示，有功电能表的三个电流线圈分别与电流互感器的二次连接，三个电压线圈与三根相线并联，公共线接 N 线，这种仪表适用于三相平衡或不平衡的三相四线制低压大电流电路。

5. 三相二元件有功电能表直接式电路

三相二元件有功电能表测量电路如图 4-17 所示，有功电能表的两个电流线圈分别与 L1、L3 相线串联，两个电压线圈与 L2 相成 V 形接线，这种仪表适用于三相平衡低压小电流电路。

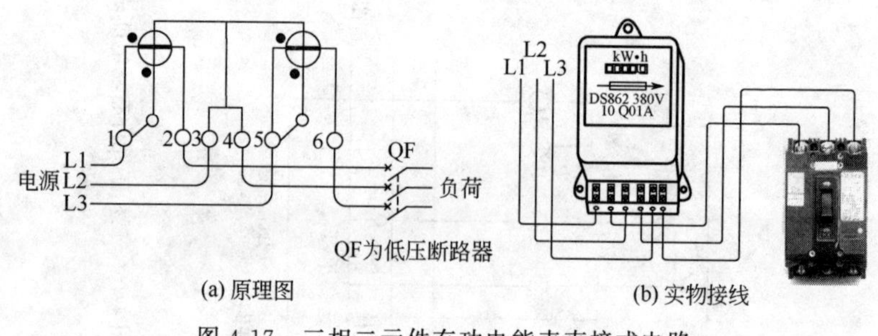

图 4-17　三相二元件有功电能表直接式电路

6. 三相二元件有功电能表配电流互感器电路

三相二元件配电流互感器有功电能表测量电路如图 4-18 所示，有功电能表的两个电流线圈分别与电流互感器 TA1、TA2 的二次连接，二个电压线圈与 L2 相成 V 形接线，这种仪表适用于三相平衡低压大电流电路。

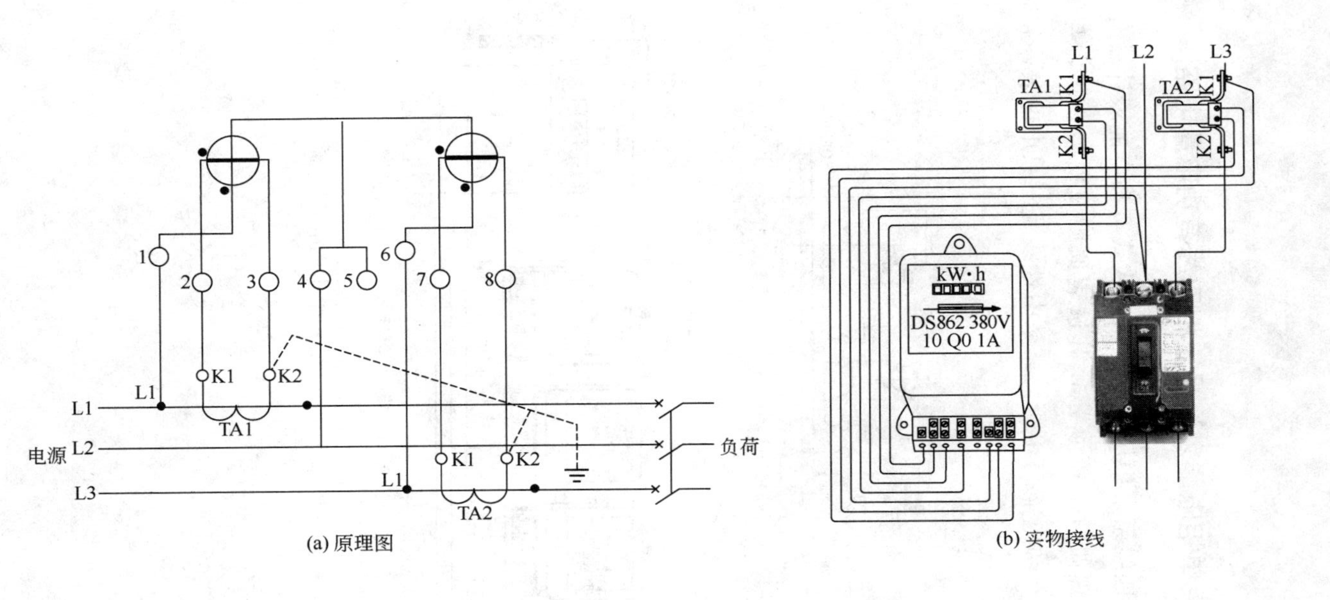

图 4-18　三相二元件有功电能表配电流互感器电路

7. 三只单相电能表计量三相四线有功电量电路

在三相四线系统中用三只单相直入式有功电能表计量有功电能，接线原理如图 4-19 所示，其选表原则及安装要求，与安装直入式单相有功电能表相同，只是中性线是三只电能表串接，不应单独接中性线。

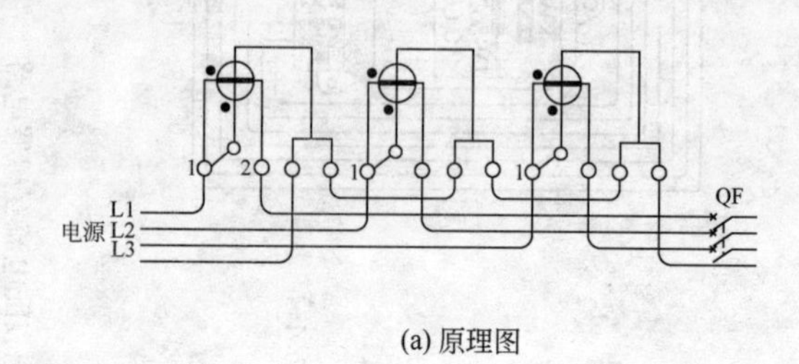

(a) 原理图

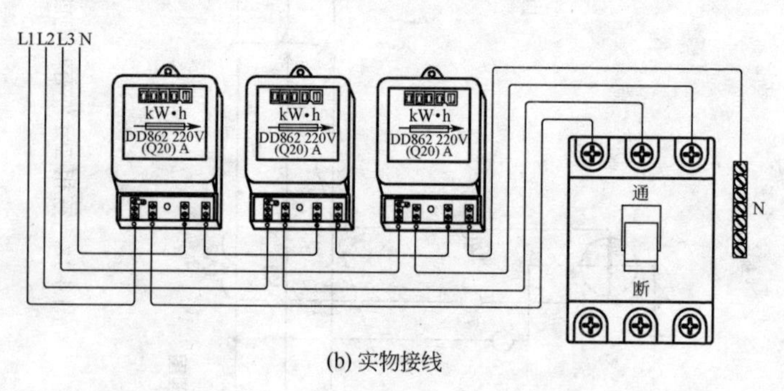

(b) 实物接线

图 4-19　三只单相电能表计量三相四线电能电路

Chapter 5

第五章 工厂常用电气控制电路

一、电气控制线路图中基本环节的识读

电气控制系统是由电气设备和电气元件按一定的控制要求连接而成的。在各类工厂中，虽然电气控制设备的种类繁多，但只要在识读其电气图时，了解其绘制的依据，找出其典型电路，然后加以分析研究，很容易弄清其整个电路的工作原理，并能在系统调试、故障诊断和排除时提供必要的信息。

继电器、接触器的控制方式称为电器控制，其电气控制电路由各种有触头电器如接触器、继电器、按钮、开关等组成，它能实现电力拖动系统的启动、制动、反向、调速和保护等功能。尽管在现代化的控制系统中采用了晶闸管等新技术和新元件，但目前在我国工业生产中应用最广泛的基本环节仍是继电器控制。任何复杂的控制系统或电路，都是由一些比较简单的基本控制环节、保护环节根据不同控制要求连接而成，因此掌握和识读这些基本环节电路图非常必要。

二、控制线路原理图的特点

（1）主电路和辅助电路。按电路的功能来划分，控制线路可分为主电路和辅助电路。一般把交流电源和起拖动作用的电动机之间的电路称为主电路，它由电源开关、熔断器、热继电器的热元件、接触器的主触头、电动机以及其他按要求配置的启动电器等电气元件连接而成。主电路一般通过的电流较大，但结构形式和所使用的电气元件大同小异。除了主电路以外的电路称为辅助电路，即常说的控制回路，其主要作用是通过主电路对电动机实施一系列预定的控制。辅助电路的结构和组成元件随控制要求的异同而变化，辅助回路中通过的电流一般较小（在5A以下）。

（2）对图形符号、文字符号的规定。电气控制线路图涉及到大量的元器件，为了表达电气控制系统的设计意图，便于分析系统工作原理、安装、调试和检修控制系统，电气控制线路图均采用统一的图形符号和文字符号。

（3）电气控制线路图。常用机械设备的电气工程图一般有电气原理图、电气安装图和电气接线图。

电气原理图是用图形符号和项目代号表示电器元件连接关系及电气工作原理的图纸，它是在设计部门和生产现场广泛应用的电路图。图5-1是某机床电气控制系统原理图。

三、识读电气原理图时应注意的绘制规则

（1）电气原理图电路可水平或垂直布置。水平布置时，电源线垂直画，其他电路水平画，控制电路中的耗能元件（如线圈、电磁铁、信号灯等）画在电路的最右端。垂直布置时，电源线水平画，其他电路垂直画，控制电路中的耗能元件画在电路的最下端。

（2）一般将主电路和辅助电路分开绘制。

（3）电气原理图中的所有电器元件不画出实际外形图，而采用国家标准规定的图形符号和文字符号表示，同一电器的各个部件可据实际需要画在不同的地方，但用相同的文字符号标注。

（4）在原理图上可将图分成若干图区，以便阅读查找。在原

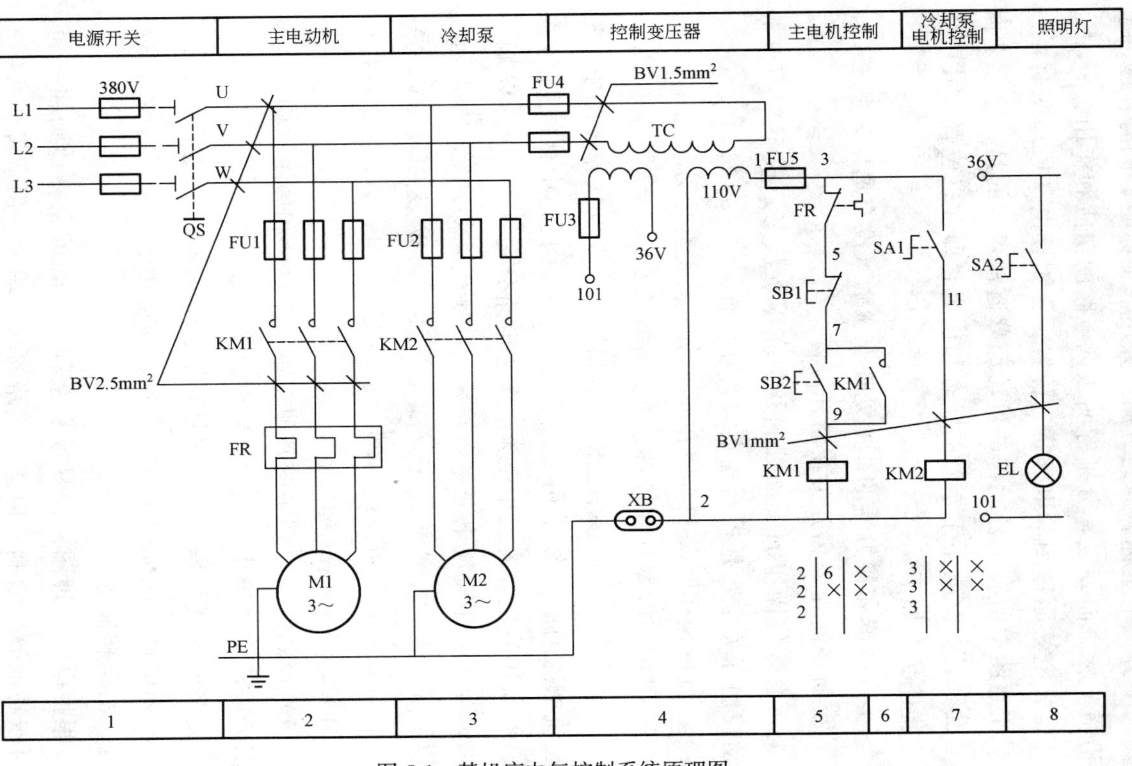

图 5-1 某机床电气控制系统原理图

理图的下方沿横坐标方向划分图区并用数字标明，同时在图的上方沿横坐标方向划区，分别标明该区电路的功能和作用。

（5）电气原理图的电气常态位置。在识读电气原理图时，一定要注意图中所有电器元件的可动部分通常表示的是在电器非激励（没有通电）或不工作时的状态和位置，即常态位置。其中常见的器件状态如下。

① 继电器和接触器的线圈处在非激励（没有通电）状态。

② 断路器和隔离开关在断开位置。

③ 有零位操作的手动控制开关在零位状态，或不带零位的手动控制开关位置是控制规定的实际位置。

④ 机械操作开关和按钮在非工作状态或不受力状态。

⑤ 保护用电器处在设备正常工作状态。

（6）原理图中连接端上的标志和编号。在电气原理图中，三相交流电源的引入线采用 L1、L2、L3 来标记，中性线以 N 表示。电源开关之后的三相交流电源主电路分别按 U、V、W 顺序标志，分级三相交流电源主电路采用文字代号 U、V、W 前面加阿拉伯数字 1、2、3 等标记，如 1U、1V、1W 及 2U、2V、2W 等。电动机定子三相绕组首端分别用 U1、V1、W1 标记，尾端分别用 U2、V2、W2 标记。

（7）控制线路原理中的其他规定。在设计和施工图中，主电路部分以粗实线绘出，辅助电路则以细实线绘制。

完整的电气原理图还应包括标明主要电器有关技术参数和用途。例如电动机应标明用途、型号、额定功率、额定电压、额定电流、额定转速等。

根据电气原理图的简易或复杂程度，既可完整地画在一起，也可按功能分块绘制，但整个线路的联接端统一用字母、数字加以标志，这样可方便地查找和分析其相互关系。

四、电气接线图的绘制原则

电气接线图用来表明电气设备各单元之间的接线关系，主要用于安装接线、线路检查、线路维修和故障处理，在生产现场得到广泛应用。在识读电气接线图时应熟悉绘制电气接线图的四个基本原则。

（1）各电器元件的图形符号、文字符号等均与电气原理图一致。

（2）外部单元同一电器的各部件画在一起，其布置基本符合电器实际情况。

（3）不在同一控制箱和同一配电屏上的各电器元件的连接是经接线端子板实现的，电气互联关系以线束表示，连接导线应标明导线参数（数量、截面积、颜色等），一般不标注实际走线途径。

（4）对于控制装置的外部连接线应在图上或用接线来表示清楚，并标明电源引入。

五、电气控制基本控制电路

1. 点动控制电路

如图 5-2 所示，点动控制电路是在需要动作时按下控制按钮 SB，接触器 KM 线圈得电，主接点闭合设备开始工作，松开按钮后接触器线圈断电，主触头断开设备停止。此种控制方法多用于起吊设备的“上”“下”“前”“后”“左”“右”及机床的“步进”“步退”等控制。

2. 自锁控制电路

如图 5-3 所示，自锁控制电路是利用接触器本身附带的辅助

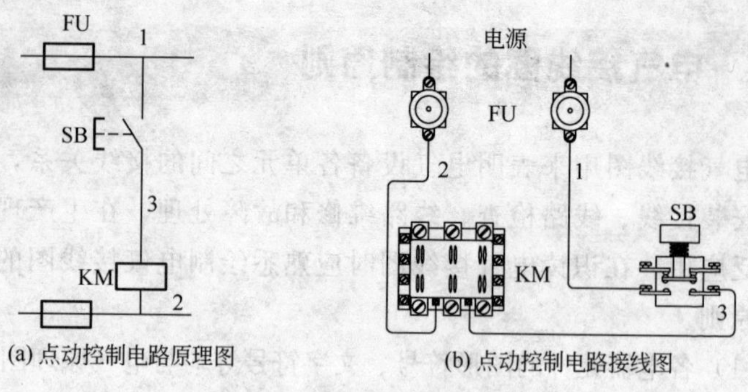

(a) 点动控制电路原理图　(b) 点动控制电路接线图

图 5-2　点动控制电路

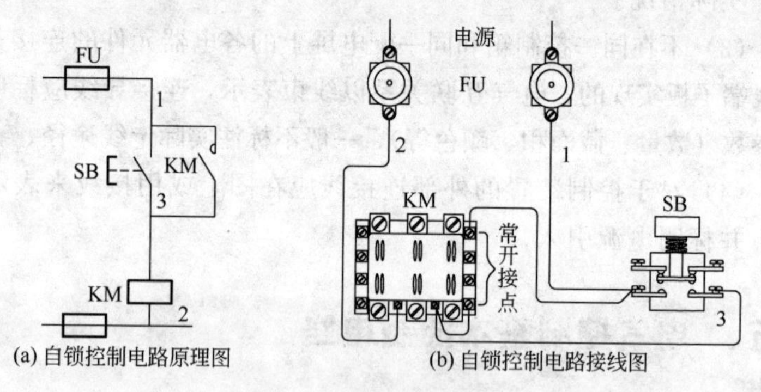

(a) 自锁控制电路原理图　(b) 自锁控制电路接线图

图 5-3　自锁控制电路

常开接点来实现自锁的。在接触器吸合的时候辅助常开接点随之接通，当松开控制按钮 SB，接点断开后，电源还可以通过接触器已经闭合的辅助接点向线圈供电，保持接触器吸合，“自锁”又称“自保持”，俗称“自保”。

3. 按钮互锁控制电路

按钮互锁是将两个控制按钮的常闭与常开接点相互联锁接线，如图 5-4 所示，当要启动 KM2 时，按下控制按钮 SB1 时，SB1 的常闭接点先断开 KM1 线路，常开接点后闭合接通 KM2

线路，从而达到接通一个电路而断开另一个电路的控制目的，有效的防止操作人员的误操作。

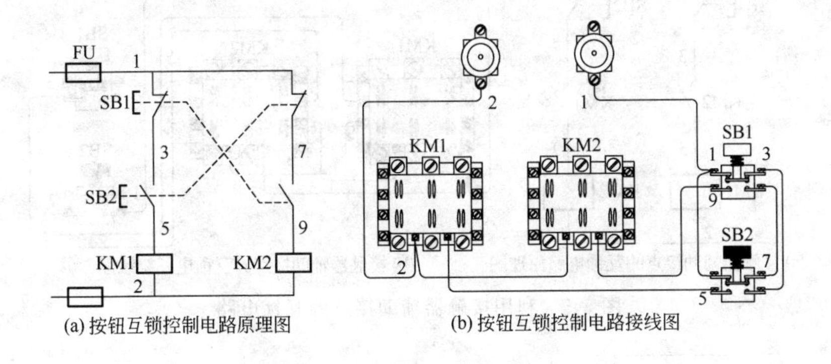

图 5-4　按钮互锁控制电路

4. 利用接触器辅助接点的互锁电路

接触器互锁是将两台接触器的辅助常闭接点与另一个接触器线圈相互接线，如图 5-5 所示，当接触器 KM1 在得电吸合状态时，辅助常开接点接通，常闭接点断开，由于常闭接点接于 KM2 线路，使 KM2 不能得电，从而达到只允许一台接触器工作的目的，这种控制方法能有效地防止接触器 KM1 和 KM2 同时吸合。

5. 两地控制电路

一个设备需要有两个或两个以上的地点控制启动、停止时，采用多地点控方法。如图 5-6 所示，按下控制按钮 SB12 或 SB22 任意一个都可用以启动，按下控制按钮 SB11 或 SB21 任意一个都可停止。通过接线可以将这些按钮安装在不同地方，而达到多地点控制要求。

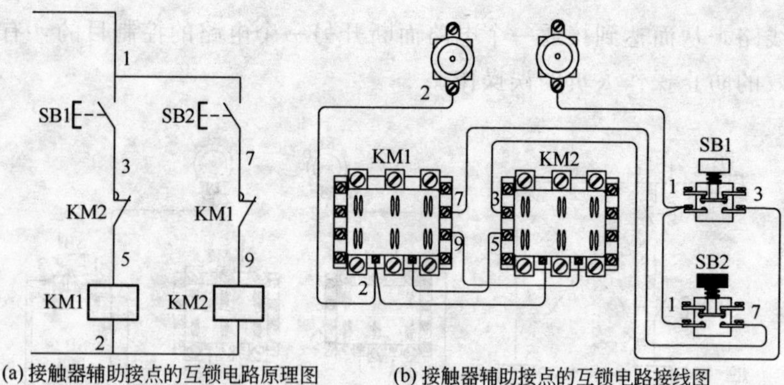

(a) 接触器辅助接点的互锁电路原理图 (b) 接触器辅助接点的互锁电路接线图

图 5-5 利用接触器辅助接点的互锁电路

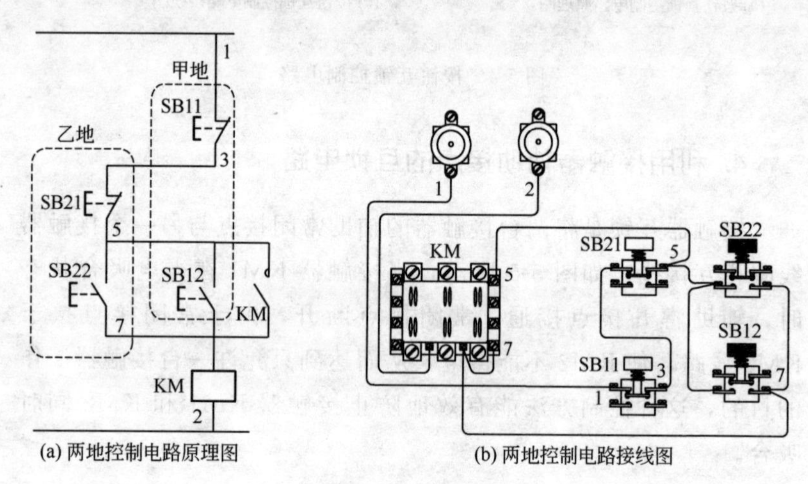

(a) 两地控制电路原理图 (b) 两地控制电路接线图

图 5-6 两地控制电路

6. 顺序启动控制电路

顺序控制电路是按照确定的操作顺序，在一个设备启动之后另一个设备才能启动的一种控制方法。如图 5-7 所示，接触器 KM2 要先启动是不行的，因为 SB1 常开接点和接触器 KM1 的辅助常开接点是断开状态，只有当 KM1 吸合实现自保之后，SB4 按钮才起作用使 KM2 通电吸合，这种控制多用于大型空调设备的控制电路。

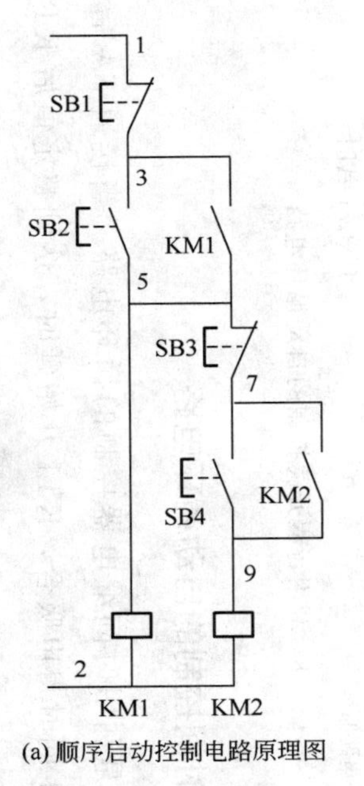

(a) 顺序启动控制电路原理图

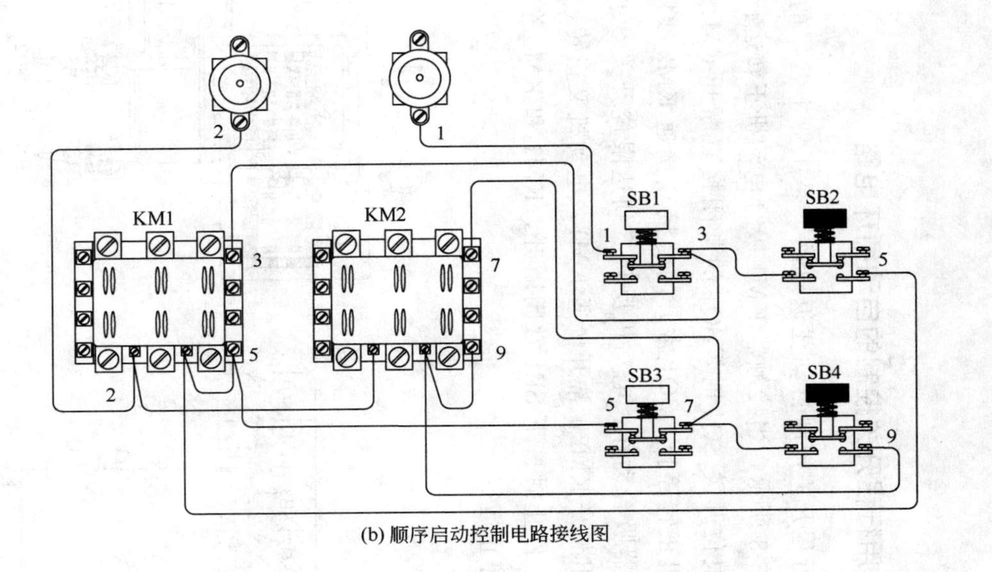

(b) 顺序启动控制电路接线图

图 5-7 顺序启动控制电路

7. 利用行程开关控制的自动循环电路

利用行程开关控制自动往返电路，是工业上常用的一种电路。如图 5-8 所示，当接触器 KM1 吸合电动机正转运行，当机械运行到限位开关 SQ1 时，SQ1 的常闭接点断开 KM1 线圈回路，电动机正转停止，SQ1 常开闭合接点接通 KM2 线圈回路，KM2 接触器吸合动作，电动机反转。到达限位开关 SQ2，SQ2 动作，常闭断开 KM2，常开接通 KM1，电动机又正转，重复上述的动作，停止时按下 SB1 常闭断开，KM1 和 KM2 全断电释放电动机停止运行。

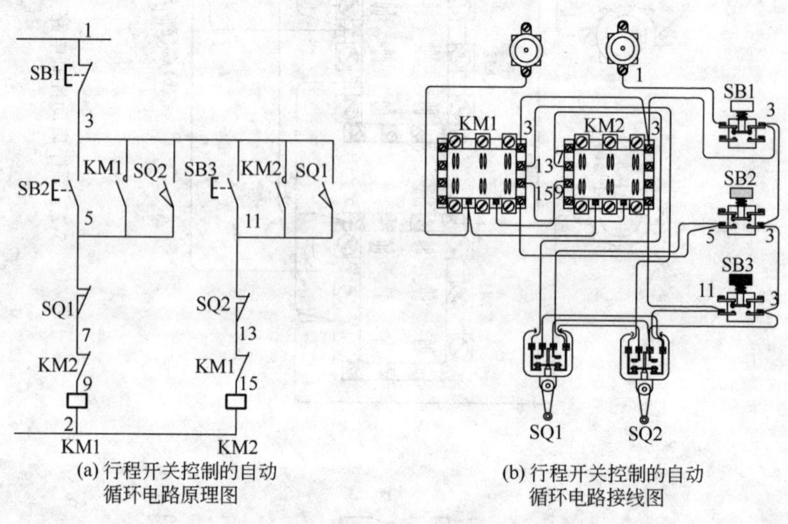

(a) 行程开关控制的自动循环电路原理图　(b) 行程开关控制的自动循环电路接线图

图 5-8　利用行程开关控制的自动循环电路

8. 按时间控制的自动循环电路

图 5-9 是利用时间继电器控制的循环电路。当接通 SA 后，KM 和 KT1 同时得电吸合，KT1 开始延时，达到整定值后 KT1

的延时闭合接点接通，KA 和 KT2 得电吸合，KA 辅助常开接点闭合（实现自保），此时，KT2 开始延时，同时 KA 的常闭接点断开了 KM 和 KT1，电动机停止。当 KT2 达到整定值后，KT2 的延时断开接点断开，KA 失电，其常开接点断开，常闭接点闭合，KM 和 KT1 又得电，电动机运行，进入循环过程。

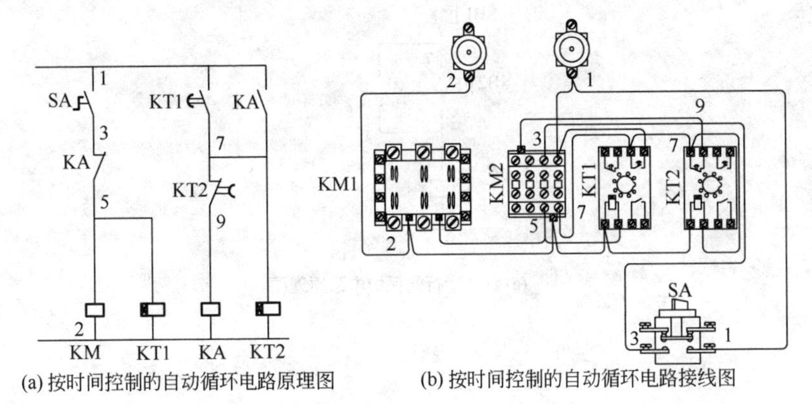

(a) 按时间控制的自动循环电路原理图　(b) 按时间控制的自动循环电路接线图

图 5-9　按时间控制的自动循环电路

9. 终止运行的保护电路

终止运行控制电路是利用各种辅助继电器的常闭接点，如图 5-10 所示，串联接在停止按钮电路中，当运行设备达到运行极限时，辅助继电器动作，接点断开，接触器 KM 断点设备停止运行。

10. 一个控制电路的基本要求

一个完整的控制电路要具有电源控制开关、各种保护功能元件、负荷运行的控制开关、操作开关、执行元件，图 5-11 是一个电动机可逆运行控制电路原理图，图中的各个元件都有它们的各自用途，将这些元件用导线连接起来，就组成了一个完整的控制电路。

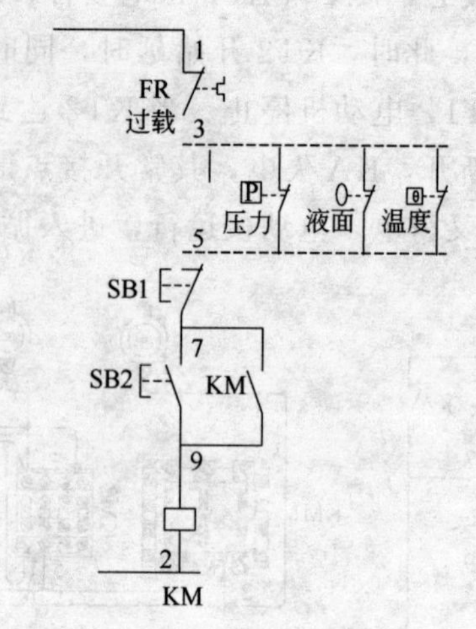

(a) 终止运行的保护电路原理图

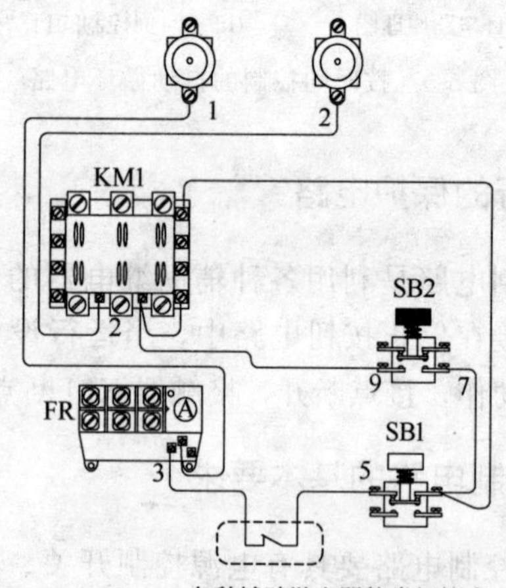

(b) 终止运行的保护电路接线图

图 5-10 终止运行的保护电路

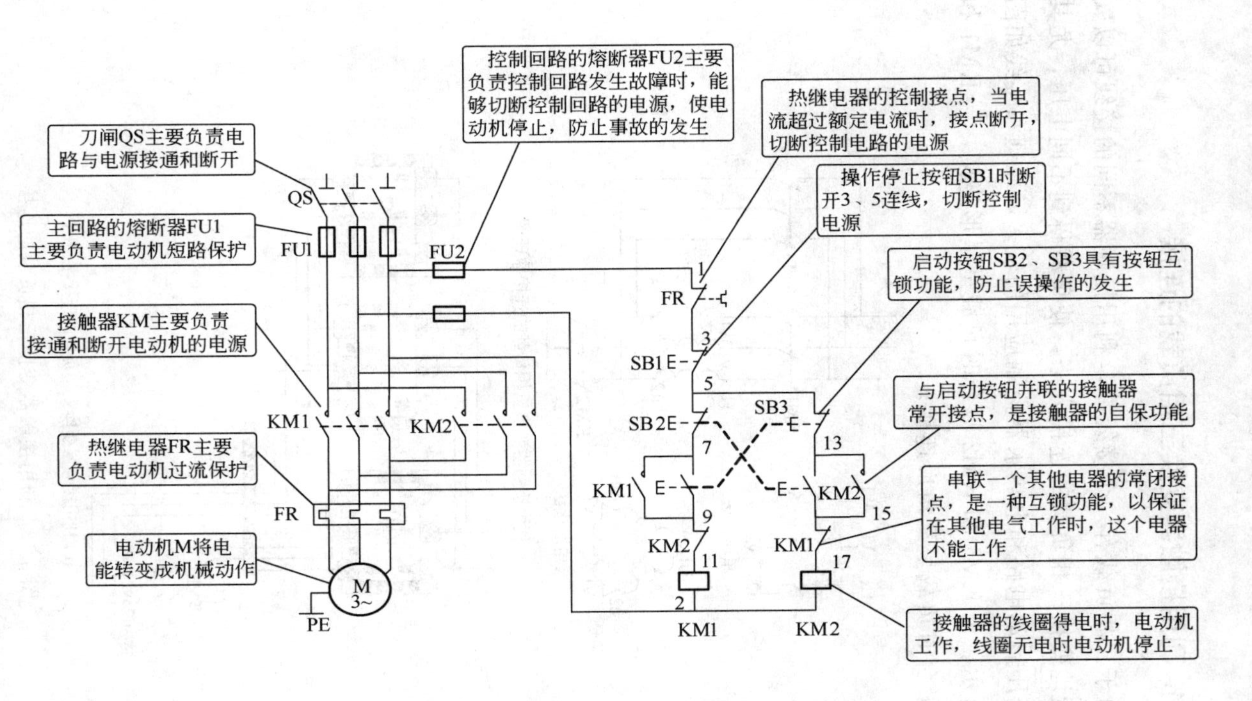

图5-11　一个完整的控制电路的要求

11. 利用接触器变换三相负载的连接

由于三相负载有六个接线端，利用接触器不同的接线可以安全快捷地变换三相负载的连接方法，使负载得到不同电压，尤其是在降压启动电路和电热水器控制应用的较多，原理和接线如图5-12所示。当KM1和KM2吸合时负载呈星形连接，当KM1和KM3吸合时负载呈三角形连接。

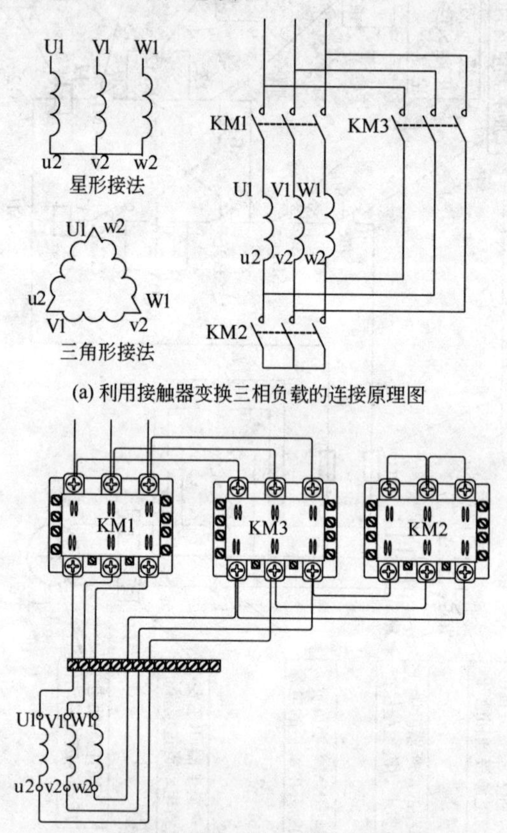

(a) 利用接触器变换三相负载的连接原理图

(b) 利用接触器变换三相负载的连接接线图

图5-12 利用接触器变换三相负载的连接

12. 利用一个接触器将三个单相元件接成三角形

将多个单相元件接成三角形是一种常用的配线方法，例如电热水器的加热棒，就是将三个 380V 的加热棒接成三角形进行工作的，如果将 380V 的加热棒接成星形，电热水器的水会不开，具体的接线方法如图 5-13 所示。

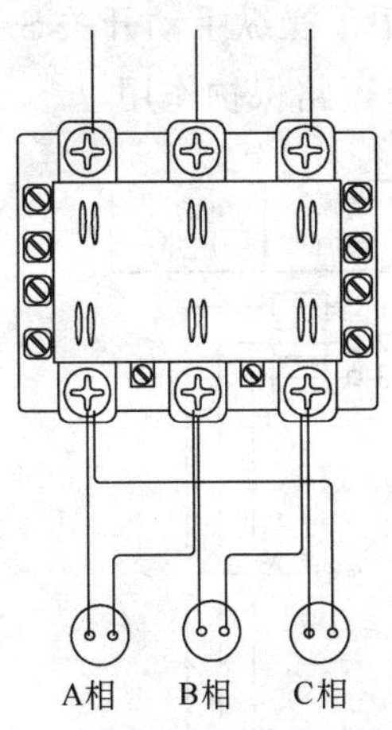

图 5-13　用一个接触器将三个单相元件接成三角形

六、笼式异步电动机启动控制电路

三相笼式异步电动机由于结构简单、坚固耐用、价格便宜、维修简单等优点获得广泛的应用。三相笼式异步电动机启动控制有直接启动和降压启动两种方法，在一般的情况下，电动机功率小于 10kW 或不超过供电变压器容量的 15%～20%时，都允许直接启动。否则应采用降压启动，以减小启动电流对电网的冲击。

1. 电动机直接启动控制电路

直接启动控制线路的优点是电气设备少、线路简单；缺点是启动电流大，易引起供电系统电压波动。

（1）开关直接启（点）动控制线路。工厂中常见的砂轮机、三相风扇、小型台钻、冷却泵的电动机等常用这种控制电路，电路图如图 5-14 所示。用手操纵手动开关 SA 来控制电动机的启动和停止，熔断器 FU 起短路保护作用。

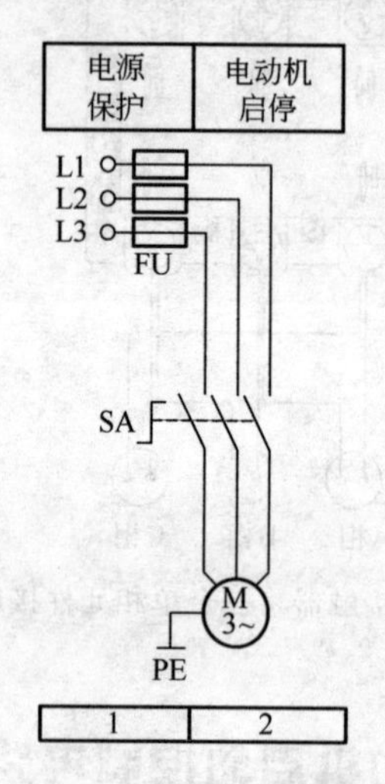

图 5-14　开关直接启动控制线路

（2）接触器直接启动控制线路。一般中小型机床的主电动机采用这种控制电路，如图 5-15 所示。接触器直接启动电路分为两部分，主电路（即动力电路）由接触器的主触头接通与断开，控制电路由按钮和接触器触头组合而成，控制接触器线圈的通、断电，从而实现对主电路的通断控制，接触器 KM 的辅助动合触头称之为自锁触头，当松开可复位按钮 SB2 时，该触头能保证 KM 线圈不失电。

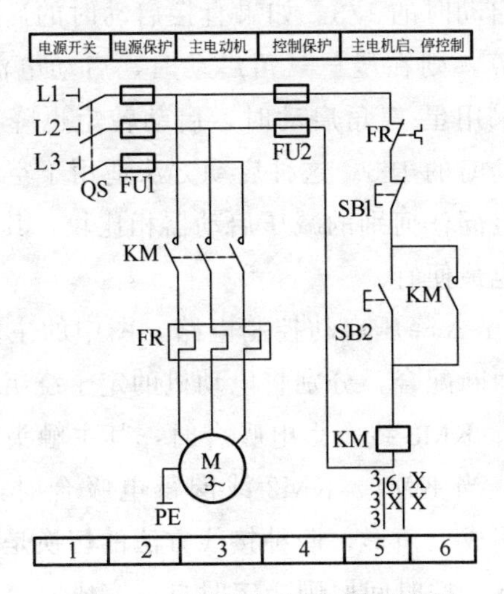

图 5-15　接触器直接启动控制线路

电路工作过程如下：

先接通隔离开关 QS，接通电源；按下 SB2 常开接通 KM 线圈得电吸合，KM 的辅助常开触头闭合并自锁，同时KM 的主触头闭合，电动机启动运转；按下 SB1 常闭断开，KM 线圈失电，自锁解除，同时 KM 主触头断开，电动机自动停转。

当电动机由于过载、缺相运转等故障引起工作电流增大时，热继电器 FR 的常闭触头动作，切断控制电路电源，从而迫使电动机停转，实现电动机的过载保护，FU2 仍作为短路保护。

2. Y-Δ 降压启动控制电路

对于正常运行的定子绕组为三角形接法的笼式异步电动机来说，如果在启动时将定子绕组接成星形，待启动完毕后再接成三角形，就可以降低启动电流，减轻启动时电流对电源电压的冲击。这样的启动方式称为星形启动三角形运行，简称为星-三角启动（Y-Δ 启动）。采用星-三角启动时，启动电流只是原来按三角形接法直接启动时的 1/3。如果直接启动时的启动电流以6～7倍额定电流计算，则在星—三角启动时，启动电流才是 2～2.3倍。这就是说采用星-三角启动时，启动转矩也降为原来按三角形接法直接启动时的 1/3。这种启动方法适用于空载或者轻载启动的设备。并且同任何别的减压启动器相比较，其结构最简单检修方便，价格也最便宜。

图 5-16 是 Y-Δ 降压启动控制电路，图中的主电路有三个接触器主触头的通断配合，分别将电动机的定子绕组接成星形或三角形，当 KM1、KM3 线圈得电吸合时，其主触头闭合，电动机绕组接成星形；当 KM1、KM2 线圈得电吸合时，其主触头闭合，电机绕组接成三角形，两种接线方法的切换是由控制电路中的时间继电器 KT 按时间原则，定时自动完成。

电路工作过程如下：

（1）接通隔离开关 QS，接通电源。

（2）启动时按下启动按钮 SB2 接通 5、7 线段，交流接触器 KM1 线圈回路通电吸合并通过自已的辅助常开触点自锁，其主触头闭合接通电动机首端三相电源，同时时间继电器 KT 线圈也通电吸合并开始计时，交流接触器 KM3 线圈通过时间继电器的延时断开触点而通电吸合，KM3 的主触头闭合将电动机三个尾端连接在一起，电动机定子绕组成星形连接，这是电动机在星形接法下降压启动。

（3）当时间继电器 KT 整定时间到时后，其延时断开触点断开 13、15 线段，交流接触器 KM3 线圈回路断电，主触点断开定子绕组尾端的接线，KM3 的辅助常闭触点闭合为 KM2 线圈的通电做好准备。同时时间继电器 KT 的延时闭合触点闭合接通 9、11 线段，接通 KM2 线圈回路，使得 KM2 通电吸合并通过自己的辅助常开触点自锁，KM2 主触头闭合将定子绕组接成三角形，电动机在三角形接法下运行。

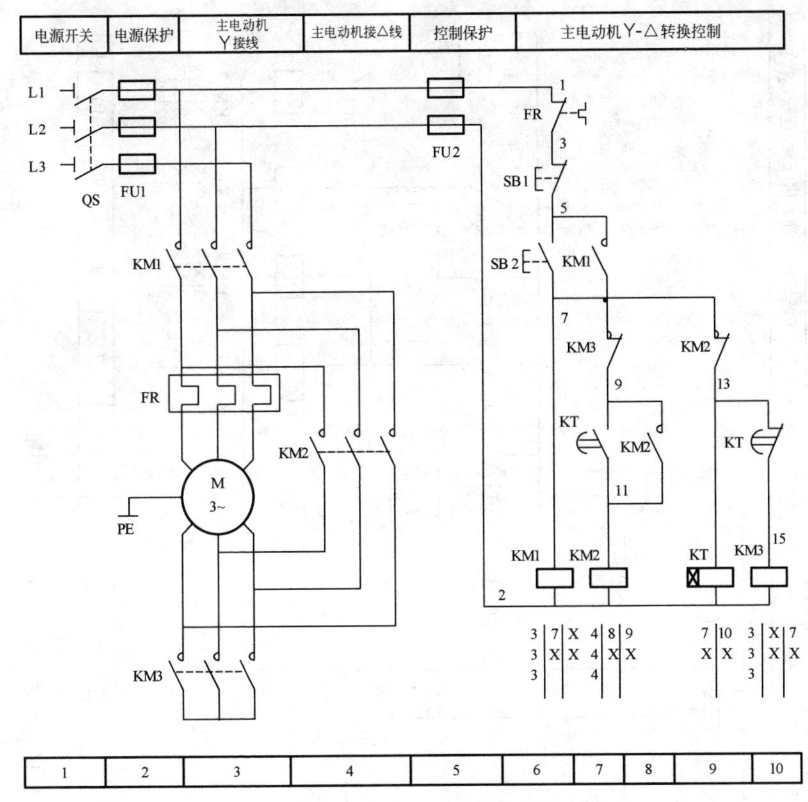

图 5-16 笼式电动机Y-Δ降压启动控制电路

3. 笼式电动机自耦降压启动控制电路

电动机自耦降压启动是利用自耦变压器的多抽头减低电动机电源的电压，既能适应不同负载启动的需要，又能得到较大的启动转矩，是一种经常被用来启动容量较大电动机的减压启动方式。它的最大优点是启动转矩较大，当其自耦变压器绕组抽头在80%处时，启动转矩可达直接启动时的64%，并且可以通过抽头调节启动转矩。至今仍被广泛应用。图 5-17 是电动机自耦降压启动（自动控制电路）原理图。

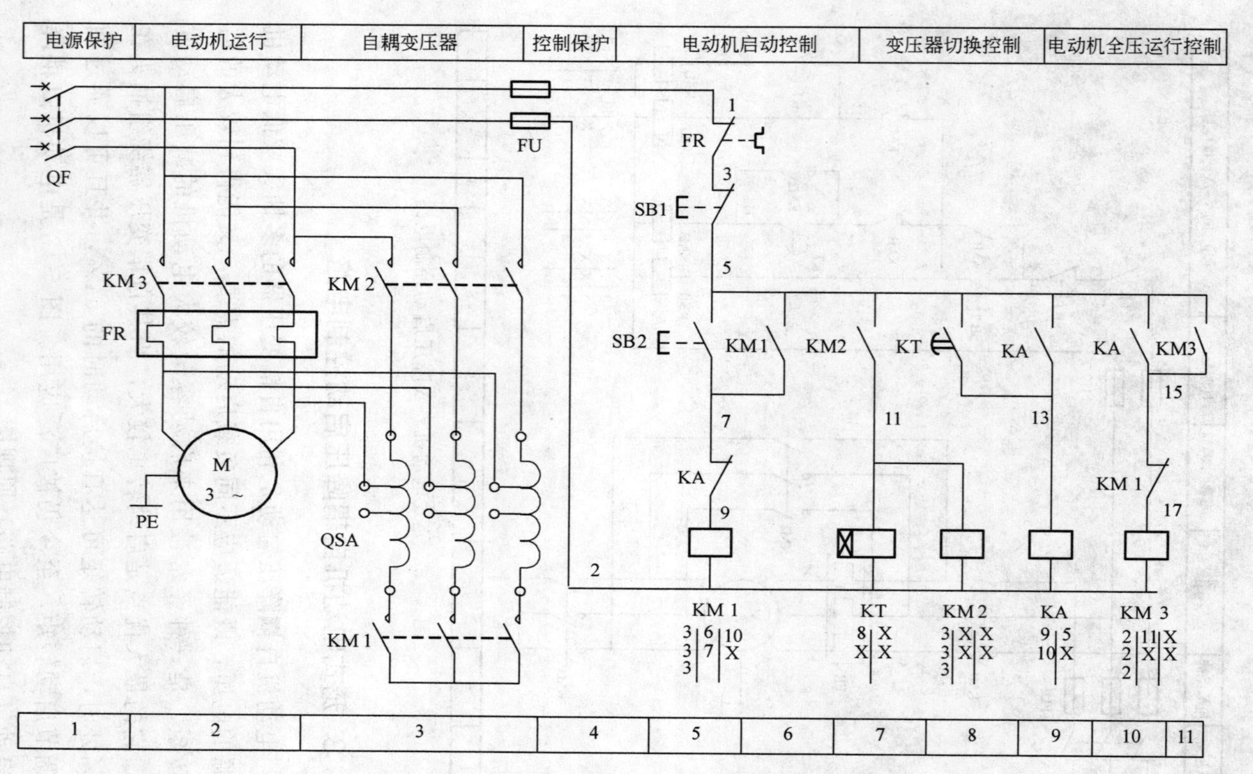

图 5-17 笼式电动机自耦降压启动控制电路

笼式电动机自耦降压启动电路工作过程如下：

(1) 合上空气开关 QF 接通三相电源。

(2) 按启动按钮 SB2 接通 5、7 线段，交流接触器 KM1 线圈通电吸合并自锁，其主触头闭合，将自耦变压器线圈接成星形，与此同时由于 KM1 辅助常开触点闭合接通 5、11 线段，使得接触器 KM2 线圈通电吸合，KM2 的主触头闭合由自耦变压器的低压抽头（例如 65%）将三相电压的 65%接入电动机。

(3) KM2 得电吸合的同时时间继电器 KT 线圈通电，并按已整定好的时间开始计时，当时间到达后，KT 的延时闭合触点闭合，接通 5、13 线段，使中间继电器 KA 线圈通电吸合并自锁。

(4) 由于 KA 线圈通电，其常闭触点断开 7、9 线段使 KM1 线圈断电，KM1 常开触点全部释放，主触头断开，使自耦变压器线圈封星端打开；同时 KM2 线圈断电，其主触头断开，切断自耦变压器电源。此时 KM1 的常闭触点复位，接通 15、17 线段，使 KM3 线圈得电吸合，KM3 主触头接通电动机在全压下运行。

(5) KM1 的常开触点断开也使时间继电器 KT 线圈断电，其延时闭合触点释放，保证了在电动机启动任务完成后，使时间继电器 KT 可处于断电状态。

(6) 停车时，按下 SB1 则控制回路全部断电，电动机切除电源而停转。

4. 笼式三相异步电动机正反转控制线路

生产机械往往要求运动部件可以实现正、反两个方向的运动，例如大多数机床主轴的正向和反向转动，机床工作台的前进、后退，起重机械吊钩的上升和下降等，这就要求拖动它们的电动机能正反向旋转。对三相交流电动机，只要改变电动机三相电源的相序，就能改变电动机的转向。在装配正反转控制电路时，可在主电路中采用两个接触器主触头构成正转相序和反转相序接线，在控制电路中分别控制正转接触器线圈得电，其主触头闭合，电动机正转，或反转接触器线圈得电，其主触头闭合，电动机反转。为防止两个接触器同时工作，再配置一定的电气联锁和机械联锁等，使电路可靠工作，图 5-18 是典型的电动机正反转控制电路，具有按钮和接触器双重互锁保护功能。

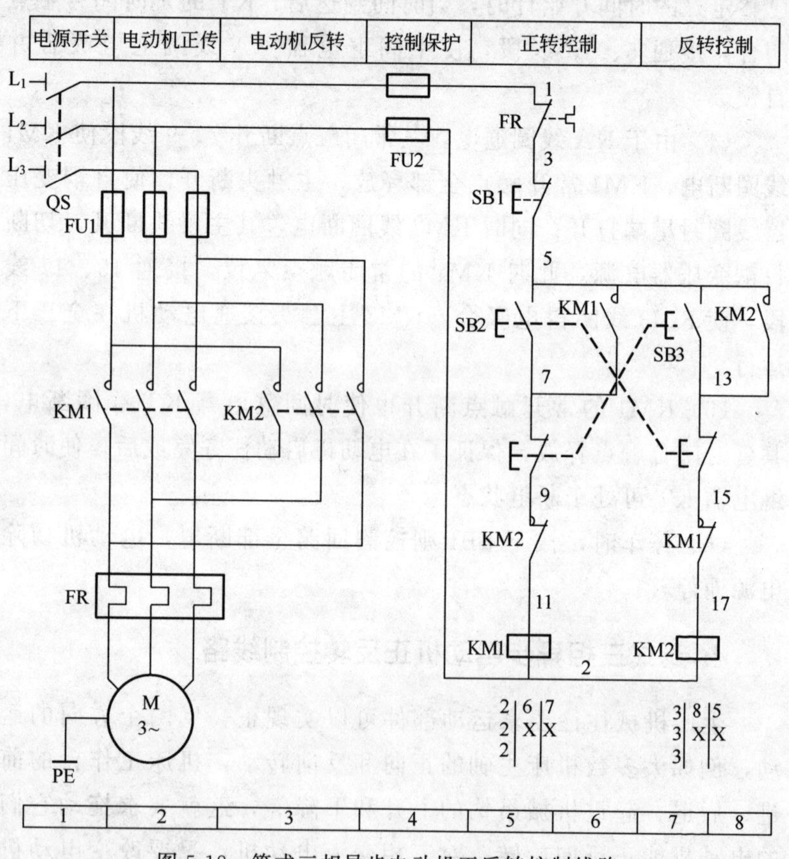

图 5-18　笼式三相异步电动机正反转控制线路

电路工作过程如下：

（1）正向启动：按下正向启动按钮 SB2 接通 5、7 线段，KM1 通电吸合并自锁，主触头闭合接通电动机，电动机这时的相序是 L1、L2、L3，即正向运行。

（2）反向启动：按下反向启动按钮 SB3 接通 5、13 线段，KM2 通电吸合并通过辅助触点自锁，常开主触头闭合换接了电动机三相的电源相序，这时电动机的相序是 L3、L2、L1，即反向运行。

（3）采用的互锁环节如下。

① 接触器互锁：KM1 线圈回路串入 KM2 的常闭辅助触点（9、11 线段），KM2 线圈回路串入 KM1 的常闭触点（15、17 线段）。当正转接触器 KM1 线圈通电动作后，KM1 的辅助常闭触点断开了 KM2 线圈回路，若使 KM1 得电吸合，必须先使 KM2 断电释放，其辅助常闭触头复位，这就防止了 KM1、KM2 同时吸合造成相间短路，这一线路环节称为互锁环节。

② 按钮互锁：在电路中采用了控制按钮操作的正反转控制电路，按钮 SB2、SB3 都具有一对常开触点、一对常闭触点，这两对触点分别与 KM1、KM2 线圈回路连接。例如按钮 SB2 的常开触点与接触器 KM2 线圈串联，而常闭触点与接触器 KM1 线圈回路串联。按钮 SB3 的常开触点与接触器 KM1 线圈串联，而常闭触点压 KM2 线圈回路串联。这样当按下 SB2 时只有接触器 KM2 的线圈可以通电而 KM1 断电，按下 SB3 时只有接触器 KM1 的线圈可以通电而 KM2 断电，如果同时按下 SB2 和 SB3 则两只接触器线圈都不能通电。这样就起到了互锁的作用。

（4）电动机正向（或反向）启动运转后，不必先按停止按钮使电动机停止，可以直接按反向（或正向）启动按钮，使电动机变为反方向运行。

5. 利用行程开关控制的电动机自动往返控制线路

机械设备中铣床、刨床的工作台等设备需自动往返运行，而自动往返的正反转运行通常是利用行程开关来检测往返运动的相对位置，进而控制电动机正、反转，来实现生产机械的往返运动。

图 5-19 为行程开关控制的正反转控制电路，图中的 SB1、SB2、SB3 为手动控制按钮，SQ1 为反向转正向行程开关，SQ2 为正向转反向行程开关。

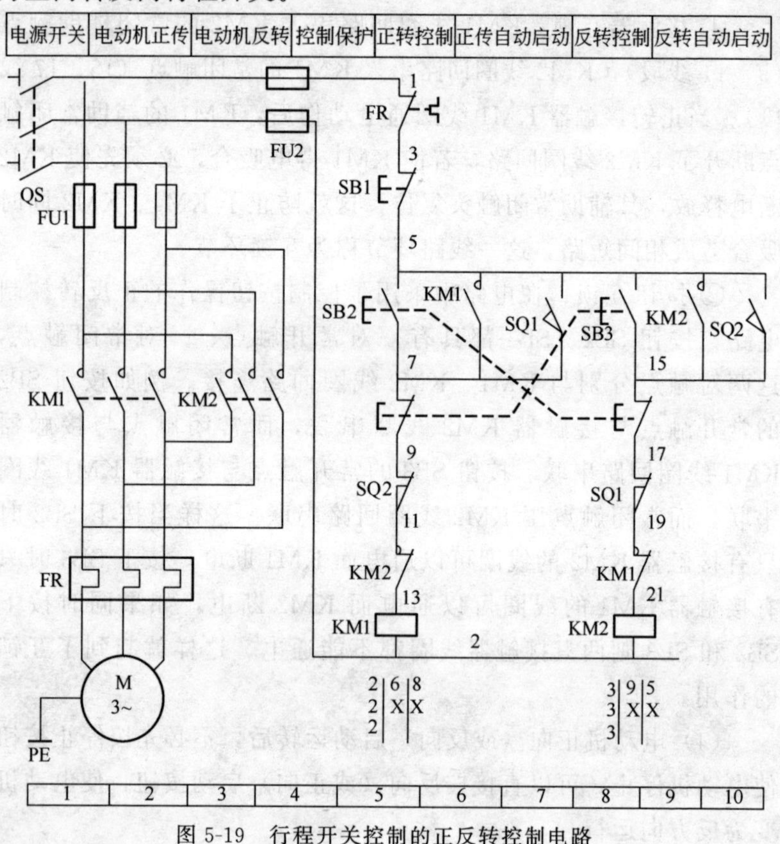

图 5-19 行程开关控制的正反转控制电路

电路工作过程如下：

(1) 合上空气开关 QS 接通三相电源。

(2) 按下正向启动按钮 SB2，接触器 KM1 线圈通电吸合并自锁，KM1 主触头闭合接通电动机电源，电动机正向运行，带动机械部件运动。

(3) 电动机拖动的机械部件向左运动（设左为正向），当运动到预定位置挡块碰撞行程开关 SQ2，SQ2 的常闭触点断开（9、11 线段）接触器 KM1 的线圈回路，KM1 断电，主触头释放，电动机断电停止。与此同时 SQ2 的常开触点闭合（接通 5、15 线段），使接触器 KM2 线圈通电吸合并自锁，其主触头使电动机电源相序改变而反转。电动机拖动运动部件向右运动（设右为反向）。

(4) 在运动部件向右运动过程中，挡块使 SQ2 复位为下次 KM1 动作做好准备。当机械部件向右运动到预定位置时，挡块碰撞行程开关 SQ1，SQ1 的常闭触点断开（17、19 线段）接触器 KM2 线圈回路，KM2 线圈断电，主触头释放，电动机断电停止向右运动。与此同时 SQ1 的常开触点闭合（接通 5、7 线段）使 KM1 线圈通电并自锁，KM1 主触头闭合接通电动机电源，电动机运转，并重复以上的过程。

6. 点动与运行控制线路

使电动机持续转动，设备长时间工作的控制即称为运行控制。而在试车调整时，利用手动控制使电动机断续转动，即称为点动控制。

一般电气设备控制中，点动控制和运行控制总是联系在一起，这样既可使设备处于正常工作状态，又可方便设备的维修和调整。

实现点动和运行控制方案有三种电路，图 5-20（未画出主电路部分）是利用按钮控制的点动与运行控制线路，图 5-21 为利用选择开关控制点动与运行功能的线路，图 5-22 为采用中间继电器来实现以上功能的线路。

在图 5-20 中，SB1 为停止按钮，SB2 为运行控制按钮，SB3 为点动控制按钮。KM 为控制电动机运转的接触器。按下 SB2，KM 得电并自锁，其主触头闭合，电动机接通电源，启动并运转。松开 SB2，因 KM 辅助触头实现了自锁，电动机仍运转。SB1 按下后，KM 断电释放，电动机才停转，从而实现了运行控制。若按下 SB3，KM 线圈得电，其主触头闭合，电动机启动运转，因 SB3 是复合按钮，按下时，其常闭触头断开，故虽 KM 线圈得电，但并不能自锁，当松开 SB3 时，KM 即断电释放，其主触头断开，电动机停转，实现了点动控制。

在图 5-21 中，SB1 是停止按钮，SA 为运行与点动的选择开关。合上选择开关 SA，按下启动按钮 SB2，KM 得电并自锁，其主触头把电动机与电源接通实现运行控制。当断开 SA，按下启动按钮 SB2，KM 线圈得电，但并不能自锁，电动机启动运转；一旦松开 SB2，KM 即断电释放，电动机停转，实现点动控制。

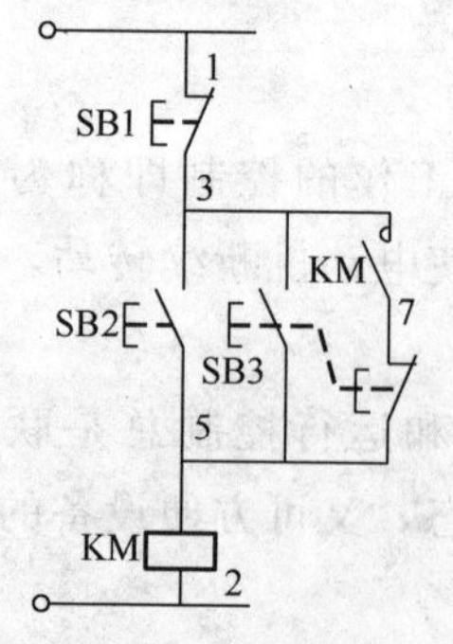

图 5-20 点动与运行控制方案一

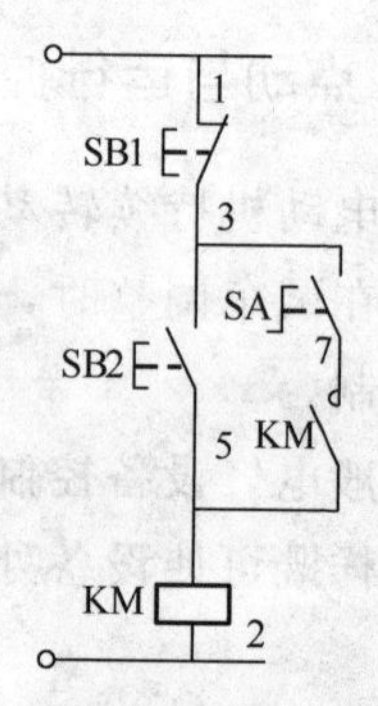

图 5-21 点动与运行控制方案二

在图 5-22 中，KA 为中间继电器，SB3 为运行控制按钮，SB2 为点动控制按钮。按下 SB3，KA 得电并自锁，其动合触头闭合使 KM 得电动作，电动机接通电源运转，因 KA 已经自锁，故松开 SB3，KM 线圈仍得电，电动机仍运转，这样就实现了运行控制。点动控制时，当按下 SB2，KM 线圈得电，电动机接通电源运转，因 KA 不得电，KM 无法自锁，所以松开 SB2 后，KM 即断电释放，电动机停转，实现了点动控制。

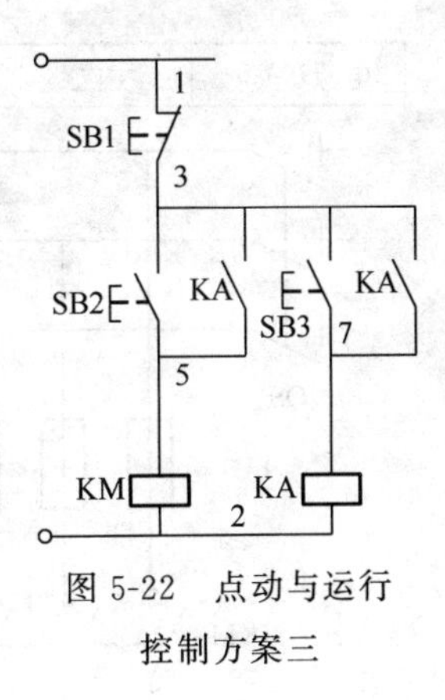

图 5-22 点动与运行控制方案三

7. 笼式电动机制动控制电路

(1) 机械制动电路

机械制动电路是利用电磁抱闸制动器的闸瓦，在电磁制动器无电时紧紧抱住电动机轴使其停止。

电磁制动过程分析如图 5-23 所示，电磁抱闸制动器的闸瓦停电时在拉簧的作用下紧紧地抱住与电动机同轴的闸轮，使电动机不能转动，当电动机得电运行时电磁铁 YB 也得电吸合衔铁，衔铁带动闸瓦松开闸轮，电动机可以转动，当电动机停电时闸瓦又抱紧闸轮，电动机立即停止转动。

(2) 能耗制动控制电路

能耗制动就是将运行中的电动机，从交流电源上切除并立即接通直流电源，能耗制动有半波能耗制动和全波能耗制动两种。全波能耗制动具有制动力加强的优点，如图 5-24 所示，在定子绕组接通直流电源时，直流电流会在定子内产生一个静止的直流磁场，转子因惯性在磁场内旋转，并在转子导体中产生

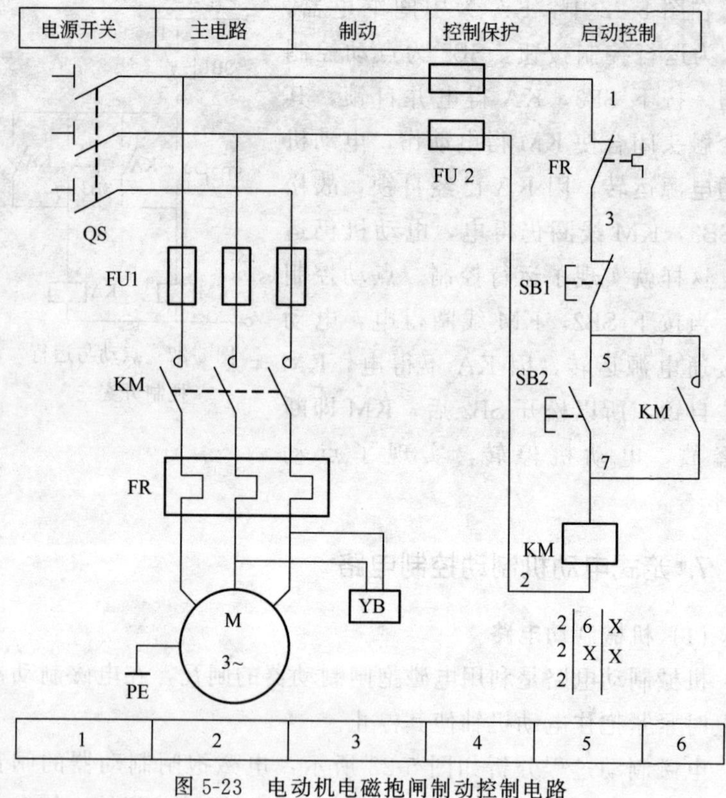

图 5-23 电动机电磁抱闸制动控制电路

感应电势，有感应电流流过，并与恒定磁场相互作用消耗电动机转子惯性能量产生制动力矩，使电动机迅速减速，最后停止转动。

电路工作过程如下：

当需要停止时，按下停止按钮 SB1，KM1 线圈断电，其主触头全部释放，电动机脱离电源。同时 SB1 的常开触点接通，接触器 KM2 和时间继电器 KT 线圈通电并自锁，KT 开始计时，KM2 主触点闭合将直流电源接入电动机定子绕组，电动机在能耗制动下迅速停车。

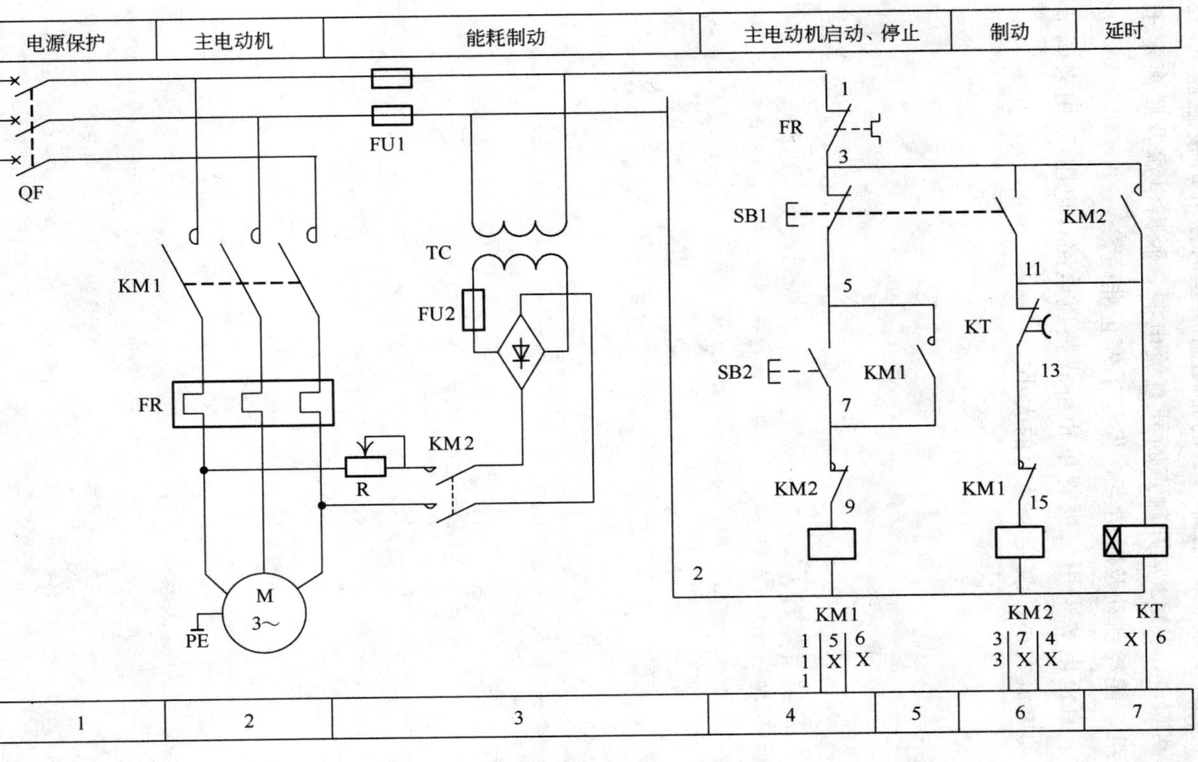

图 5-24　全波能耗制动控制电路

另外，时间继电器 KT 的常闭触点延时断开时接触器 KM2 线圈断电，KM2 常开触点断开直流电源，脱离电源及脱离定子绕组，能耗制动及时结束，保证了停止准确。

直流电源采用二极管单相桥式整流电路，电阻 R 用来调节制动电流大小，改变制动力的大小。

第六章 供电系统电气图

一、关于供电的有关概念

1. 变电所与配电所

变电所的任务是接受电能、变换电压和分配电能，而配电所只担负接受电能和分配电能的任务，所以两者是有区别的，变电所比配电所多变换电压的任务，因此变电所有电力变压器，而配电所除了可能有自用电变压器外是没有其他电力变压器的。

变电所和配电所的相同之处：一是都担负接受电能和分配电能的任务；二是电气线路中都有引入线（架空线或电缆线）、各种开关电器（如隔离开关、刀开关、高低压断路器）、母线、互感器、避雷器和引出线等。

2. 电力系统和电力网

电力系统是由发电、变电、输电、配电和用电等环节组成的电能生产与消费系统。它的功能是将自然界的一次能源通过发电动力装置（主要包括锅炉、汽轮机、发电机及电厂辅助生产系统等）转化成电能，再经输、变电系统及配电系统将电能供应到各负荷中心，通过各种设备再转换成动力、热、光等不同形式的能量，为地区经济和人民生活服务。从发电厂到用户的供电过程如图 6-1 所示。

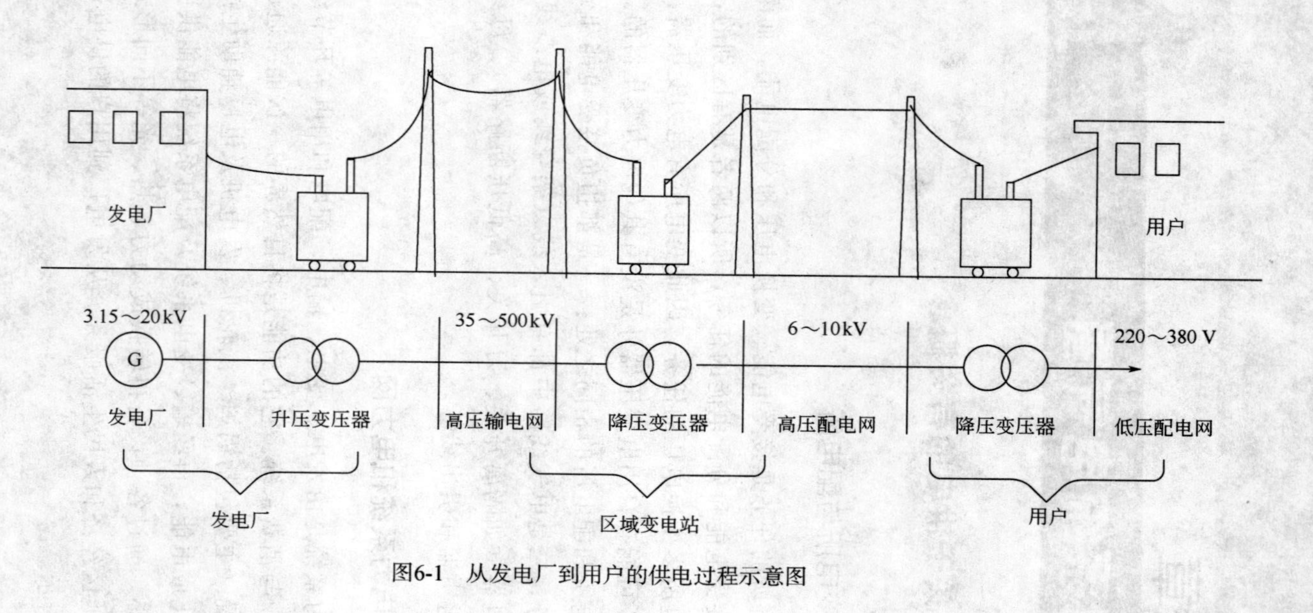

图6-1 从发电厂到用户的供电过程示意图

电力网是电力系统的一部分，它是所有变、配电所电气设备以及各种不同电压等级线路组成的统一整体。它的作用是将电能转送和分配给各用电单位。电能的生产是产、供、销同时发生，同时完成，既不能中断又不能储存。电力系统是一个由发、供、用三者联合组成的一个整体，其中任意一个环节配合不好，都不能保证电力系统的安全、经济运行。电力系统中，发、供、用之间始终是保持平衡的。

电力网是指由各级电力线路和变电站构成的供电网络。国家和各级电网公司就是管这一块的。

3. 电力系统中性点的运行方式

电力系统中性点的运行方式，直接关系到电气主接线及二次回路的继电保护、监察、指示回路的设置。

电力系统中的电源（包括发电机和电力变压器）中性点有三种运行方式，即中性点不接地、中性点经消弧线圈接地、中性点直接接地。

中小型工厂常用中性点不接地和直接接地两种。

（1）中性点不接地的电力系统：我国 3～63kV 的电力系统大多数采用中性点不接地的运行方式。只有当系统单相接地电流大于一定数值时（3～10kV，大于 30A 时；20kV 及以上，大于 10A 时），才要求采取中性点经消弧线圈接地的方式。而一般采用 10kV 或 35kV 供电电压的中小型工厂，其单相接地电流大多是不会超过规定值的。

当中性点不接地的电力系统发生单相接地时，没有单相短路电流（因中性点不接地，不构成单相回路），故障相（接地相）电压接近为零，而非故障相的相电压升高为线电压，但系统的三个线电压无论量值大小及相位都没有发生变化，因此系统内的所有设备仍然照常运行。为了防止故障扩大，按规定只可允许暂时继续运行 2 小时，同时必须通过系统中装设的单相接地保护或绝缘监察装置发出报警信号或指示，以提醒值班人员注意，但要求运行维修人员立即采取措施，查找和消除接地故障。超过 2 小时未消除故障时，应跳闸断开故障电路。

（2）中性点直接接地的电力系统：图 6-2 所示为中性点直接接地的电力系统在一相接地时的情形。这种系统发生一相接地时即造成单相短路，其单相短路电流比线路的正常负荷电流要大许多倍，将作用于线路断路器跳闸或熔断器熔断，将短路故障部分切除。

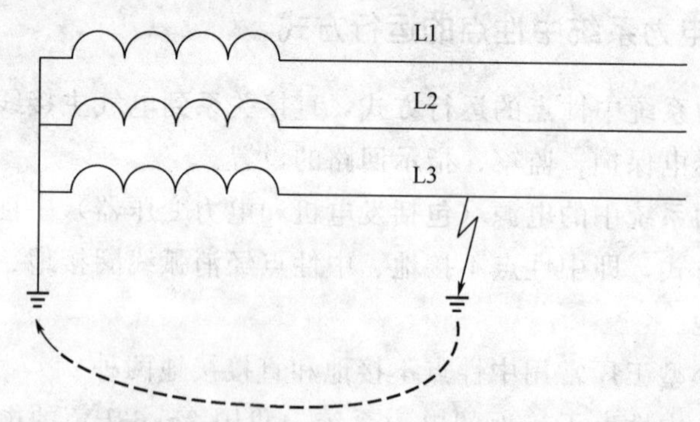

图 6-2　中性点直接接地的电力系统发生一相接地时的情形

中性点直接接地系统在发生一相接地时，其他两相对地电压不会升高。因此，这种系统中的供用电设备的绝缘只要按相电压考虑即可。

工厂中最为普遍使用的 220/380V 三相四线制低压供电系统，即是属于中性点直接接地系统。

二、变配电所电气主接线及其基本形式

变电所的电气主接线是变电所接受电能、变换电压和分配电

能的电路。变电所的电气主接线表示由地区变电所电源引入→变压→各负荷（车间等）的变配电过程，且由引入导线（架空线或电力电缆）、变压器、各种开关电器、母线、互感器、避雷器等与载流导体连接组成；而配电所只担负接受电能和分配电能的任务，因此，它只有电源引入分配各负载两个环节，相应的主接线中无变压器，其他则与变电所相同。

变配电所的电气图用国家统一规定的电气图形符号、文字符号表示主接线中各电气设备相互连接顺序的图形，就是电气主接线图。电气主接线图一般都用单线图表示，即一根线就代表三相。但在三相接线不同的局部位置要用三线图表示，例如最为常见的接有电流互感器的部位（因为电流互感器的接线方案有一相式、两相式和三相式）。

三、对变配电所电气主接线的基本要求

变配电所电气主接线是变配电所电气部分的主体，其接线合理与否，将直接影响供电是否安全可靠，操作是否方便灵活，投资是否经济，运行费用是否节省，它对电气设备的选择、配电装置的布置、继电保护和自动装置的配置，以及土建工程的投资及施工等都有着非常密切的关系。因此，确定电气主接线是变配电所电气设计极为重要的环节和任务。对电气主接线的基本要求如下。

（1）安全：符合有关技术规范的要求，能充分保证人身和设备的安全，能避免运行人员的误操作和确保检修工作的安全。

（2）可靠：能满足电力负荷对供电可靠性的要求。

（3）灵活：能适应系统所要求的各种运行方式，操作灵活方便。

（4）经济：在满足以上要求的前提下，应使投资最省、运行

费用最低、有色金属消耗量最少。

(5) 发展：要考虑近期（5～10 年内）负荷发展的可持续性。

四、电气主接线的基本形式

变配电所电气主接线的形式较多，其三种基本形式如下。

1. 单母线不分段的主接线

单母线不分段的主接线如图 6-3、图 6-4 所示，母线 WB 是不分段的。单母线不分段是最简单的主接线形式，它的每条引入线和引出线中都安装有隔离开关（低压线路为刀开关）及断路器。

图中断路器 QF 的作用是正常情况下通断负荷电流，事故情况下切断故障电流（短路电流及超过规定动作值的过负荷电流）。

图中隔离开关 QS（或低压刀开关 QK）靠母线侧的称为母线隔离开关，如图 6-3 中的 QS2、QS3，图 6-4 中的 QS1、QS2、QS3，它们的作用是隔离电源以检修断路器和母线。靠近线路侧的隔离开关称为线路隔离开关，如图 6-3 中的 QS1、QS4，其作用是防止在检修线路断路器时从用户（负荷）侧反向供电，或防止雷电过电压侵入线路负荷，以保证设备和人员的安全。按设计规范，对 6～10kV 的引出线有电压反馈可能的出线回路及架空出线回路，都应装设隔离开关。

单母线不分段接线简单，投资经济，操作方便，引起误操作的机会少，安全性较好，而且使用设备少，便于扩建和使用成套装置。但它可靠性和灵活性较差，因为当母线或任何一组母线隔离开关发生故障时，都将会因检修而造成全部负荷断电。因此，它只适用于三类负荷，即出线回路数不多及用电量不大的场合。

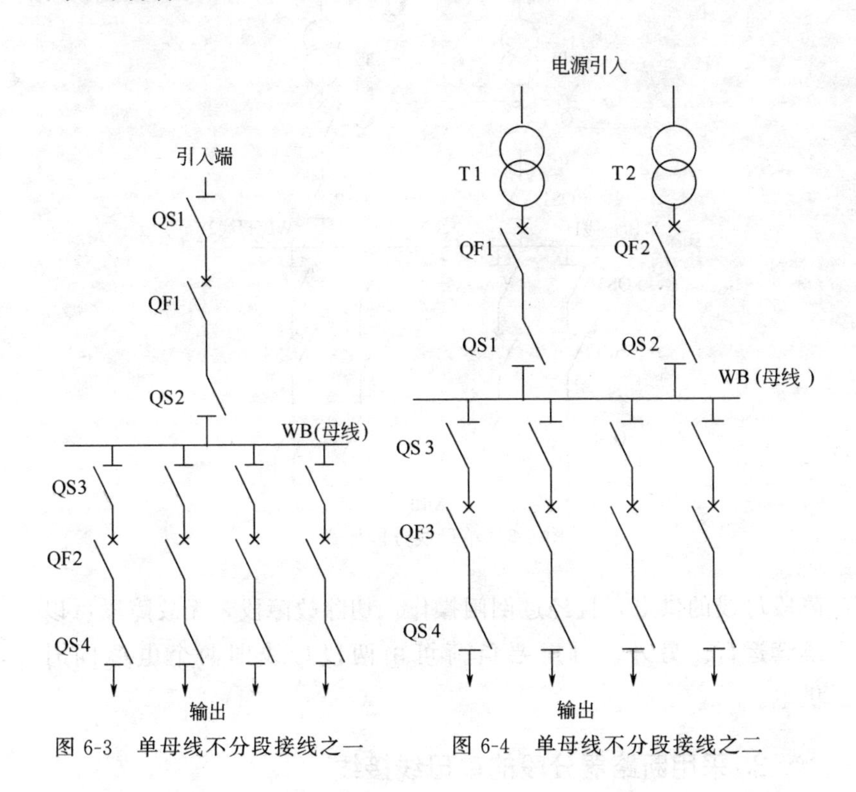

图 6-3　单母线不分段接线之一　　　图 6-4　单母线不分段接线之二

2. 单母线分段的主接线

单母线分段的主接线为用断路器（或隔离开关）分段的单母线接线图。如图 6-5 所示，这种接线的母线中部用隔离开关或断路器分为两段，每一段母线接一个或两个电源，每段母线有若干条引出线至各车间。

采用隔离开关分段的单母线分段可靠性较高。因为当某一段母线或该母线段隔离开关发生故障时，可以分段检修而只影响故

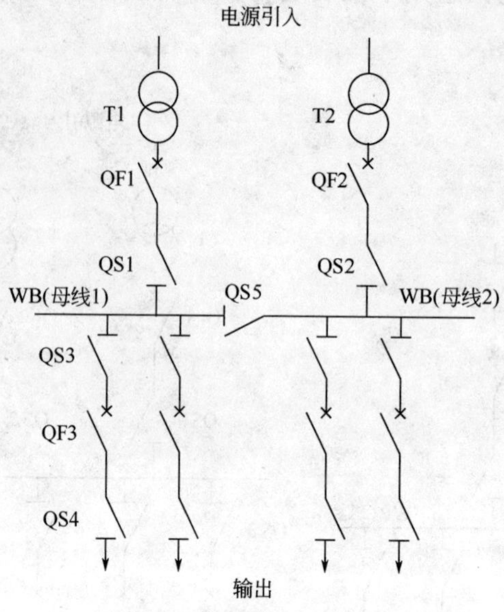

图 6-5　单母线分段形式一

障段母线的供电，且经过倒闸操作，切除故障段，无故障段可以继续运行。另外，对重要负荷可由两段母线即两个电源同时供电。

3. 采用断路器分段的单母线接线

采用断路器分段的单母线分段如图 6-6 所示，与采用隔离开关分段一样，提高了供电可靠性，但它比用隔离开关分段可靠性更高。当一段母线发生故障时，分段断路器由继电保护装置动作能自动将故障段切除，保证正常段母线的不间断供电，而不至于造成两母线段供电的重要负荷停电。无疑，其接线比较复杂，投资较高。

无论是采用隔离开关分段还是断路器分段，在母线发生故障或检修时，都不可避免地使该段母线的用户断电。检修单母线接

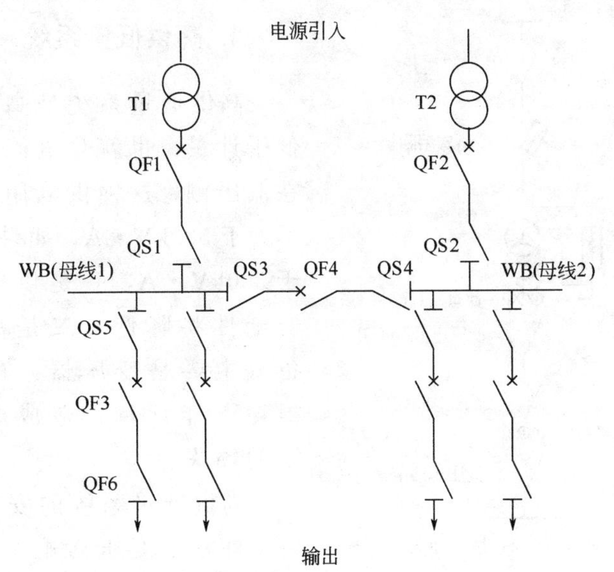

图 6-6　单母线分段形式二

线引出线的断路器时，该路负载也必须停电。

由此可见，单母线分段比单母线不分段提高了供电可靠性和灵活性。但它的接线（尤其是采用断路器分段）比不分段复杂，投资较多，供电可靠性还不够高。

这种接线一般适用于二级负荷及三级负荷，但如果采用互不影响的双电源供电，用断路器分段则适用于对一、二级负荷供电。

五、用户变电所的用电形式

用户变电所的用电形式按电能计量分为高供低量和高供高量，按供电可靠性分单电源单变压器、单电源双变压器、双电源双变压器和双电源多变压器等。

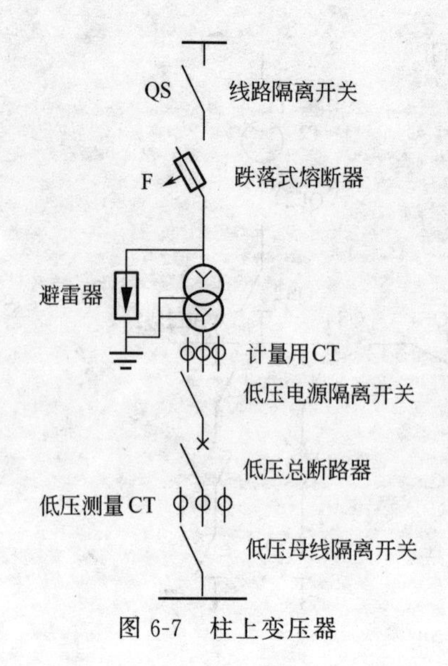

图 6-7　柱上变压器

1. 高供低量系统

高供低量系统是高压供电低压计量，也就是电能表安装在低压侧，这种供电用户容量不大于 500kV·A，如果容量大于 500kV·A，一是供电控制安全性将降低；二是高压设备（主要是变压器）的无功损耗不能计量，造成电能计量的损失。

高供低量系统的安装方式有室外柱上变压器式和室内变压器两种，这种系统控制比较简单，投资少。一般用于要求不高三级负荷用电单位。图 6-7 是一种柱上安装的变压器供电系统，这种供电方式容量一般不超过 315kV·A。图 6-8 是室内安装的变压器，一般容量不超过 500kV·A。

低压计量方式有三种。

（1）光力合一的计量方式：如图 6-9 所示，此种方法一般用于小型企事业单位或商铺，计量的 CT 电流比应等于或略大于变压器的二次电流。

（2）光力分开计量：如图 6-10 所示，此种计量方式多用于小型生产单位，计量的力 CT 和光 CT 的电流比的和应等于或略大于变压器的二次电流。

（3）光力子母表的计量方式：如图 6-11 所示，母表的 CT 电流比应等于或略大于变压器的二次电流，子表的 CT 应小于母表的 CT 电流比。

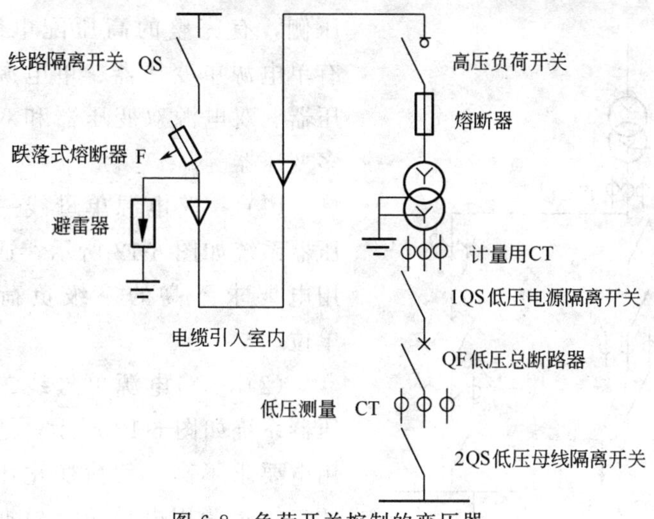

图 6-8 负荷开关控制的变压器

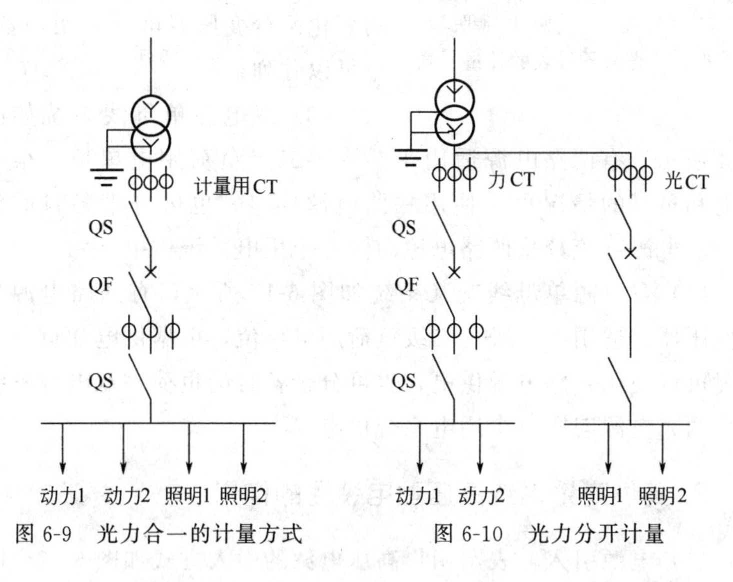

图 6-9 光力合一的计量方式

图 6-10 光力分开计量

2. 高供高量系统

高供高量系统是高压供电高压计量，也就是电能表安装在高

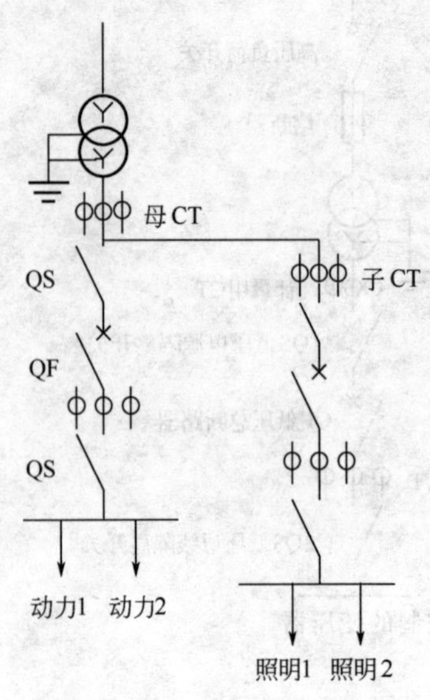

图 6-11　光力子母表的计量方式

压侧，有完整的高压配电装置。有单电源单变压器、单电源双变压器、双电源双变压器和双电源多变压器等。

（1）一路电源单母线一台变压器系统如图 6-12 所示，适用于用电要求不高的三级负荷用电单位。

（2）一路电源单母线二台变压器系统如图 6-13 所示，适用于用电要求不高、负荷变化比较大的三级负荷用电单位，根据用电的变化两台变压器可以一用一备，也可以并列运行。

（3）双电源单母线系统如图 6-14 所示，有两路电源适用于一级、二级负荷用电单位，根据供电和负荷的情况可以使用一路电源供电，也可分带各自的负荷，双电源系统禁止两路电源向同一个用电系统供电。

（4）双电源单母线交叉系统如图 6-15 所示，有两路电源多台变压器，适用于一级、二级负荷用电单位，根据供电和负荷的情况可以使用一路电源供电，也可分带各自的负荷，双电源系统禁止两路电源向同一个用电系统供电。

3. 高供高量系统高压配电装置的作用

（1）电源引入：表示用户高压电源的引入方式如图 6-12～图 6-15 中的 101（102）10kV 架空线路接入隔离开关，21（22）为跌落式熔断器，电缆引入户内，电缆的前端接有避雷器防止雷电过电压侵入。

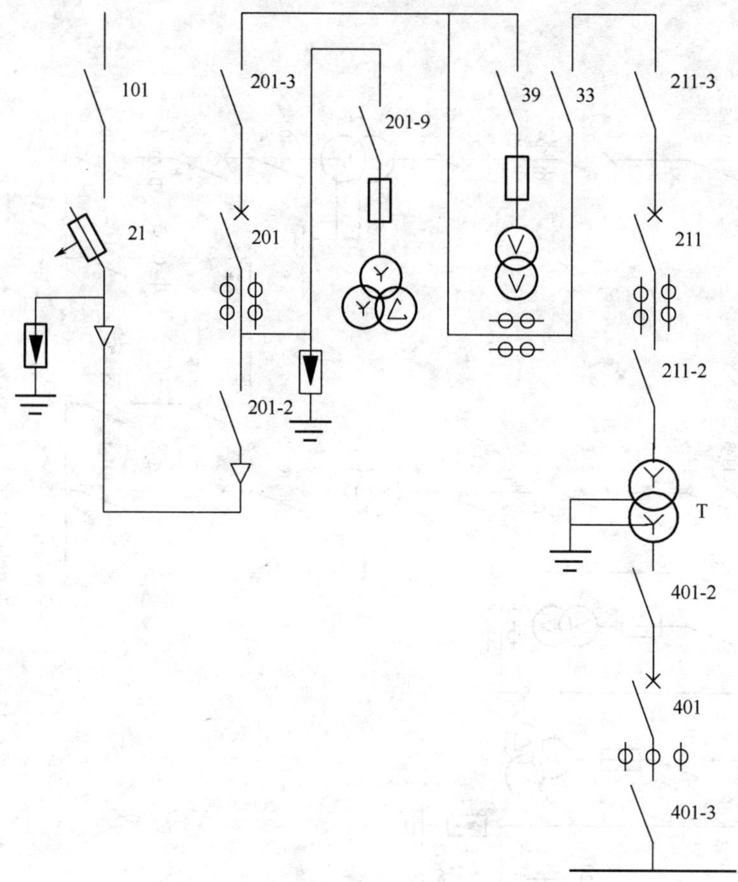

图 6-12　一路电源单母线一台变压器系统

（2）主进柜：201（202）负责全变配电室的保护，电源备用时 201（202）必须拉开。

（3）电压互感器柜（也称 PT 柜）：201-9（202-9）负责监视电源电压，并为高压柜提供仪表、继电保护电源，电源备用时 201-2、201-9（202-2、202-9）不操作，保留电源监视功能。

（4）计量柜：是供电部门装在用户的电费计量设备，装有专用的电压互感器、电流互感器和计量电能表，计量柜的开关用户

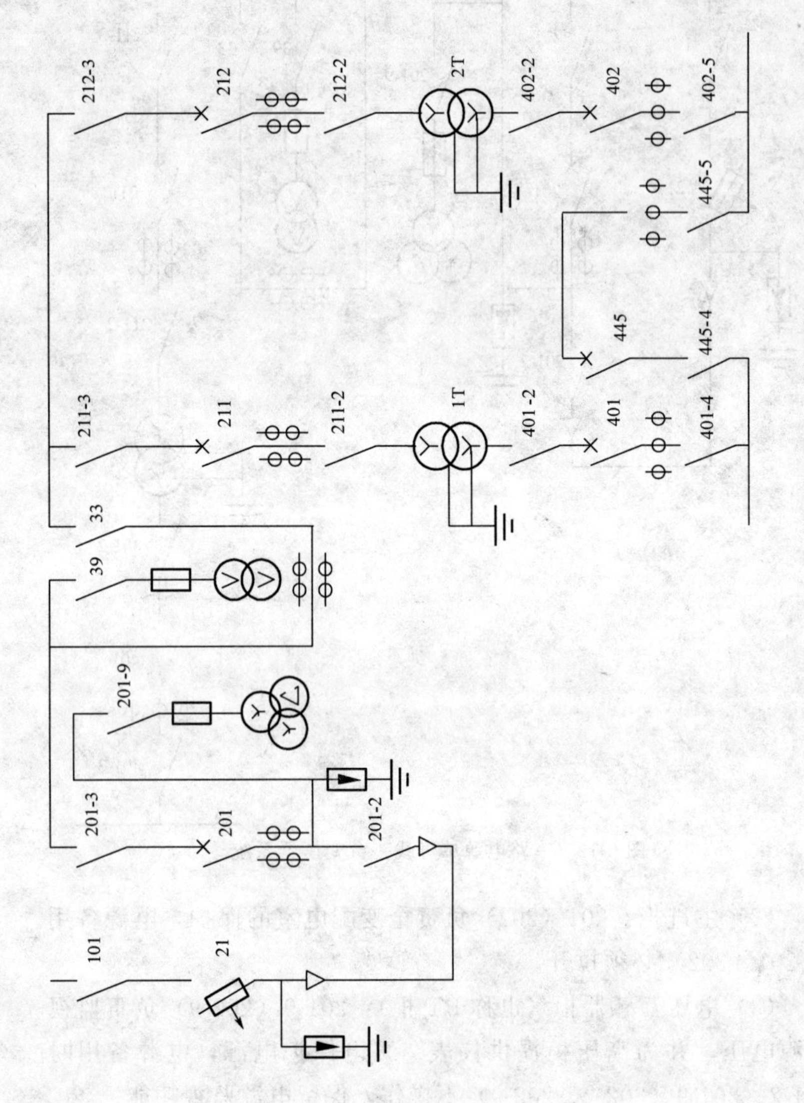

图 6-13　一路电源单母线二台变压器系统

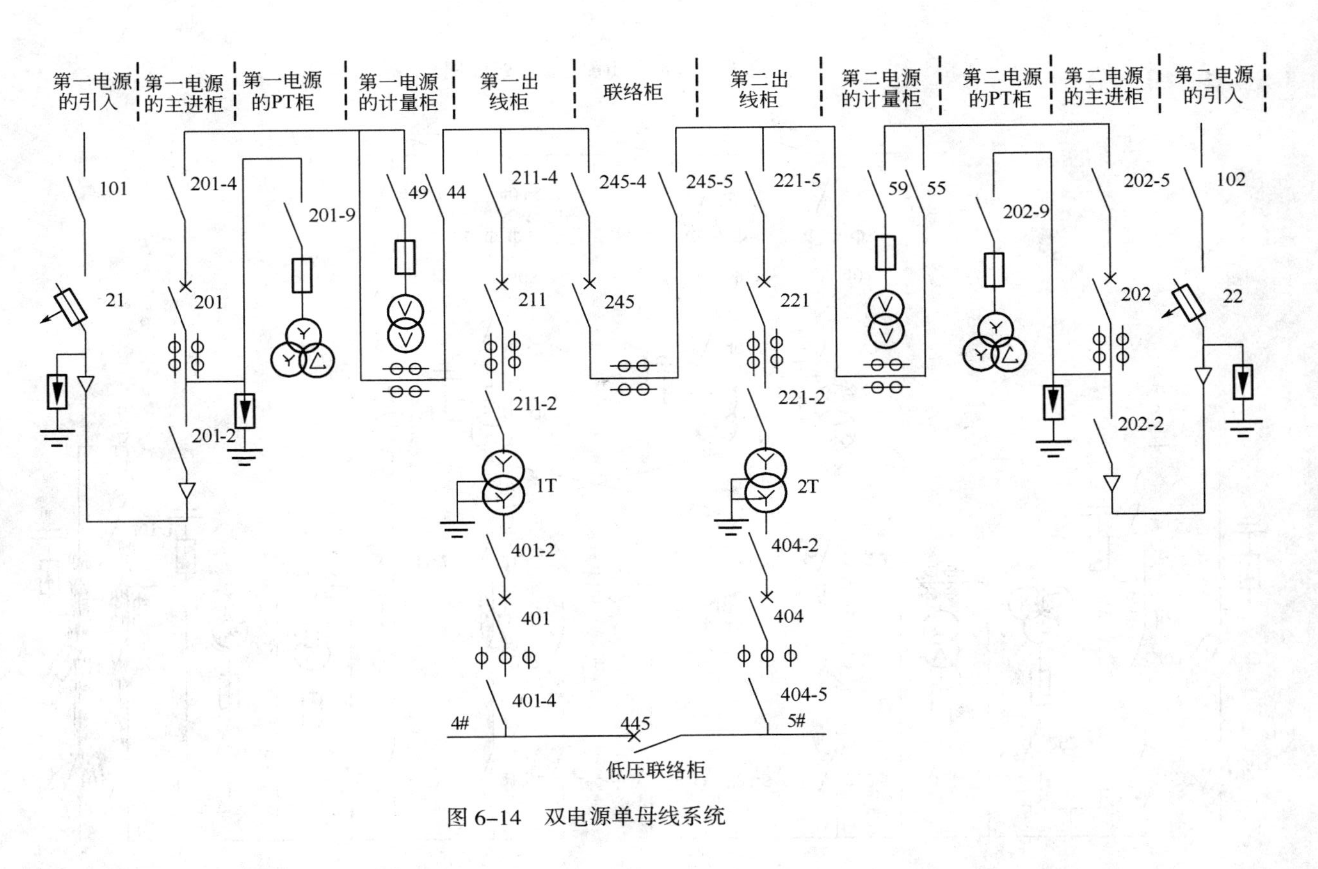

图 6-14　双电源单母线系统

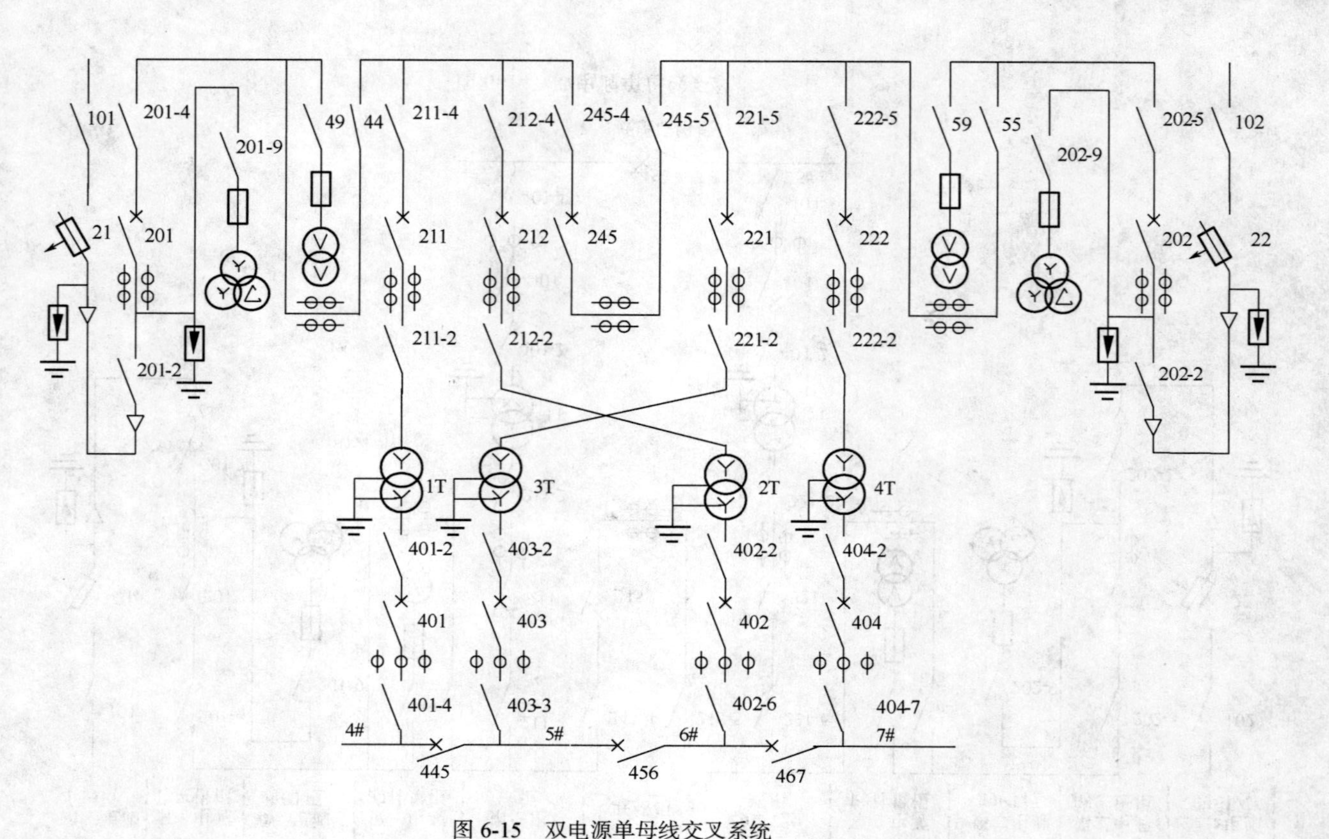

图 6-15　双电源单母线交叉系统

不能操作，当发现异常时应当立即上报供电部门来处理。

(5) 出线柜：211 (221) 控制变压器投入或退出，柜内装有针对变压器的继电保护装置和监视电流表。

(6) 高压联络柜：245 用于变压器并列运行和切换电源。

(7) 低压主进柜：401、402 用途变压器低压侧与低压母线的连接。变压器停用时 401、402 必须拉开。

(8) 低压联络柜：445 用于变压器并列运行。

4. 用户变电所的电气主接线图

用户变电所是将 6～10kV 高压降为 380/220V 的终端变电所，其主接线也比较简单。一般用 1～2 台主变压器。其变压器高压侧有计量、进线、操作用的高压开关柜，因此必须有高压开关室。一般高压开关室与低压配电室是分设的，但只有一台变压器且容量较小的工厂变电所，其高压开关柜只有 2～3 台，故允许两者合在一室，但要符合操作及安全规定。一般来说。小型用户变电所的电气主接线要比车间变电所复杂（考虑供电的可靠性及自发电等）。以图 6-16 所示某单位的电气主接线图为例来说明。

(1) 主接线形式：由高低压两大部分可见。10kV 高压侧为单母线隔离插头分段。采用的高压开关柜为新型的 JYN2-10 型交流金属封闭型移开式开关柜，它用钢板弯制焊接而成，由柜体和手车两部分组成。其隔离插头为手车与柜体主电路整体联接器件，相当于隔离开关作用。

380/220V 低压母线为单母线经断路器分段。两台主变压器经母排分别与 4 号母线、5 号母线供电，而 4 号母线、5 号母线经 PGL2-06C-02 屏的断路器（为检修时隔离电源用的 HD13 型刀开关）联络。

(2) 电源：电源由架空线路线路取得，进单位后由电缆输入

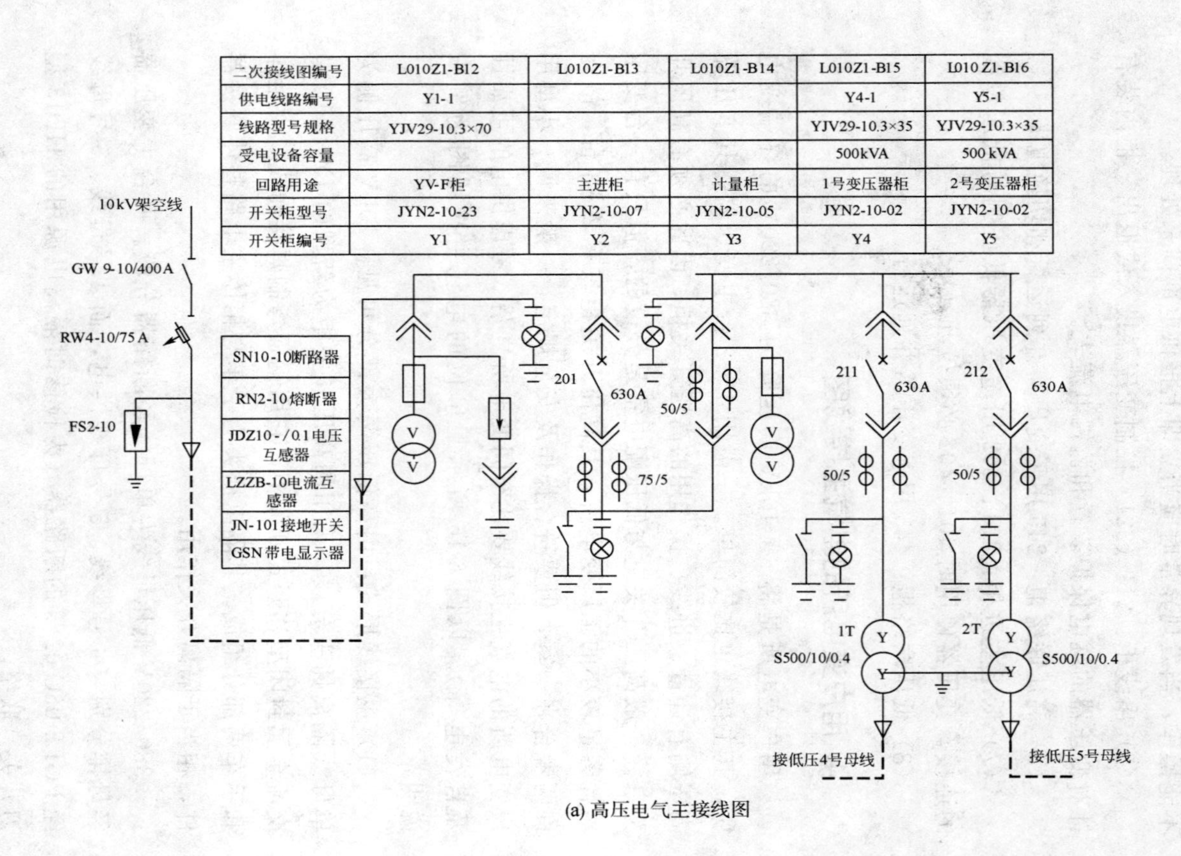

二次接线图编号	L010Z1-B12	L010Z1-B13	L010Z1-B14	L010Z1-B15	L010 Z1-B16
供电线路编号	Y1-1			Y4-1	Y5-1
线路型号规格	YJV29-10.3×70			YJV29-10.3×35	YJV29-10.3×35
受电设备容量				500kVA	500 kVA
回路用途	YV-F柜	主进柜	计量柜	1号变压器柜	2号变压器柜
开关柜型号	JYN2-10-23	JYN2-10-07	JYN2-10-05	JYN2-10-02	JYN2-10-02
开关柜编号	Y1	Y2	Y3	Y4	Y5

(a) 高压电气主接线图

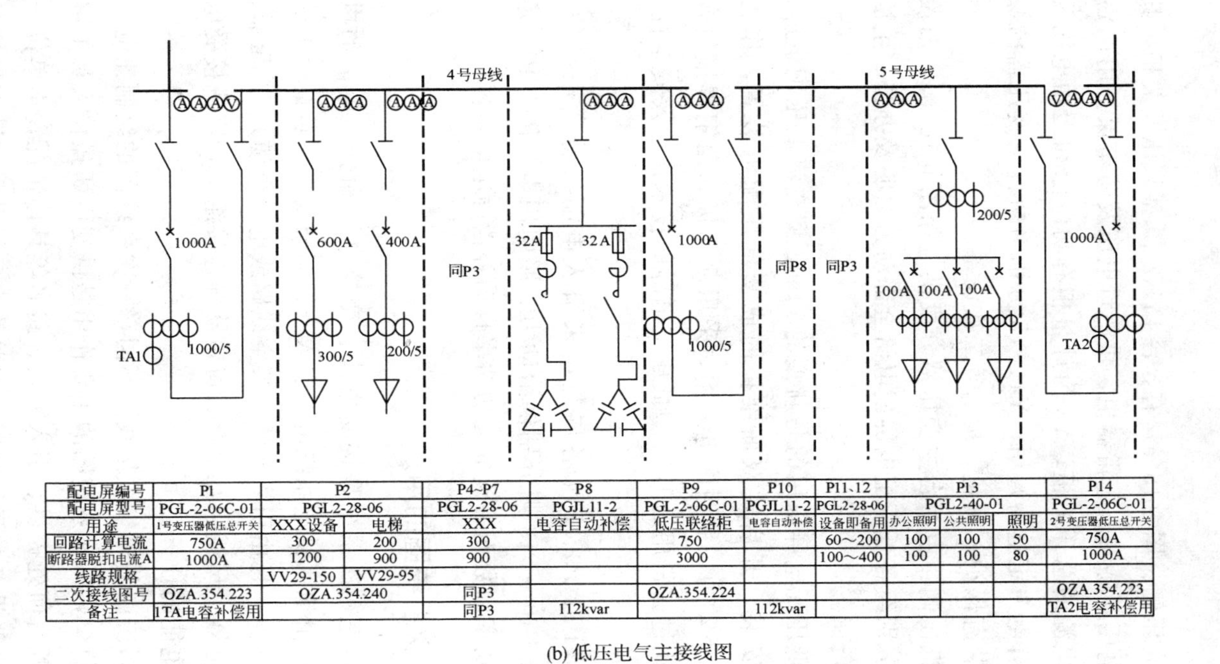

配电屏编号	P1	P2		P4~P7	P8	P9	P10	P11、12	P13			P14
配电屏型号	PGL-2-06C-01	PGL2-28-06		PGL2-28-06	PGJL11-2	PGL-2-06C-01	PGJL11-2	PGL2-28-06	PGL2-40-01			PGL-2-06C-01
用途	1号变压器低压总开关	XXX设备	电梯	XXX	电容自动补偿	低压联络柜	电容自动补偿	设备即备用	办公照明	公共照明	照明	2号变压器低压总开关
回路计算电流	750A	300	200	300		750		60～200	100	100	50	750A
断路器脱扣电流A	1000A	1200	900	900		3000		100～400	100	100	80	1000A
线路规格		VV29-150	VV29-95									
二次接线图号	OZA.354.223	OZA.354.240		同P3		OZA.354.224						OZA.354.223
备注	1TA电容补偿用			同P3	112kvar		112kvar					TA2电容补偿用

(b) 低压电气主接线图

图 6-16　电气主接线图

变电所。

(3) 高压侧：图 6-16(a) 有 5 台 JYN2-10 型高压开关柜，其中 Y1 为电压互感器—避雷器柜，供测量电压及防雷保护用；Y2 为高压侧电源的总开关柜；Y3 为计量柜有功电能和无功电能及限电（装有电力定量器）用；Y4、Y5 分别为两台主变压器的操作柜，它装有保护、测量、指示等二次设备。

(4) 低压侧：由两台主变压器分段供电如图 6-16(b)，两段低压母线分别经各低压配电屏配电给全部动力照明及办公、生活用电的各负荷。

系统低压配电屏采用的是新型的 PGL2 型交流低压配电屏，它是户内安装、开启式双面维护的成套低压配电装置，作为 380V 及以下动力、照明配电之用，采用薄钢板和角钢焊接组合而成，它比过去常用的 BSL 型低压配电屏的技术性能及安全性、可靠性为好。

其中，P1、P9、P14 各屏是用来引入电能或分段联络的；P2～P7 及 P10～P13 则分别供给动力、照明用电；P8、P10 是为了提高功率因数而装设的无功功率自动补偿静电电容器屏。

5. 一次系统图的用途

变配电室一次系统是接受电能、变换电压和分配电能的电路，它表示由地区供电系统电源引入→控制→变压→负荷分配的变压配电过程，且由引入导线（架空线路或电力电缆）、变压器、各种开关电器、母线、互感器、避雷器等连接组成，完成接受电源和分配电能的任务。

一次系统图与电气主接线图不同，一次系统图的绘制比电气主接线图简单，一次系统图的主要作用是供变电所操作人员了解本单位电源由何处提供、引入方式、路名等具体情况；本单位一次系统各主要设备的运行情况；本单位变、配电所的继电保护工作情况；本单位变、配电所的负荷情况；本单位电费计算依据。系统图不仅有开关电器符号、型号，还有开关操作编号，操作编号是为了便于倒闸操作，避免误操作事故的发生。

了解和掌握一次系统图是电气工作人员的主要技能要求。

(1) 预装式变电站配电系统图示例

预装式变电站俗称为箱式变电站，是由高压配电装置、变压器及低压配电装置连接而成，分成三个功能隔室，即高压室、变压器室和低压室，高、低压室功能齐全。高压侧一次供电系统可布置成多种供电方式。高压多采用环网柜控制方式，配有主进柜，计量柜装有高压计量元件，满足高压计量的要求，出线柜控制变压器的分断，变压器室可选择 S7、S9 以及其他低损耗油浸式变压器和干式变压器。变压器室设有自启动强迫风冷系统及照明系统。低压室根据用户要求可采用面板或柜装式结构组成用户所需供电方案，有动力配电、照明配电、无功功率补偿、电能计量和电量测量等多种功能。预装式变电站配电系统如图 6-17 所示。

预装式变电站采用自然通风和强迫通风两种方式保证通风冷却良好。变压器室和低压室均有通风道，排风扇有温控装置，按整定温度能自动启动和关闭，保证变压器满负荷运行。

系统说明如下。

① 电源是由供电架空线路接入，与供电部门的分界开关由 101 控制（GW9-10/400 型户外隔离开关）。

② 电源接户线路设有接户杆，接户杆上装有跌落式熔断器 21，用于与供电线路的保护和分断。

③ 跌落式熔断器下端接有阀型避雷器，防止雷电过电压的侵入，并由 185mm^{2}交联聚乙烯电缆引入厢式变电站内。

④ 箱式变电站内有三个高压开关柜，201 电源主进柜，装有 FZ 型真空负荷开关，负荷开关的电源侧装有三相带电指示器，

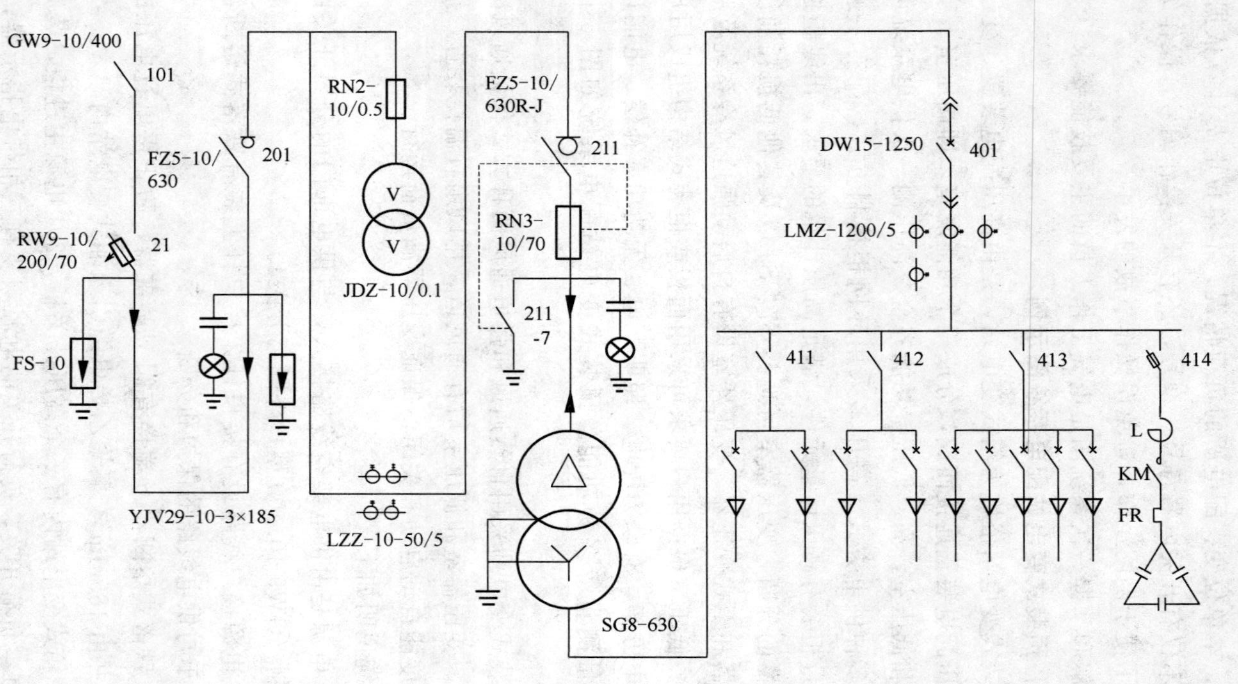

图 6-17 环网柜（箱式变电站）配电系统

用于监视电源和避雷器。

⑤ 高压计量柜内装有 JDZ 型干式电压互感器，呈 V/V 接线，为电能表和电压表提供电源，LZZ 型电流互感器可为电能表提供计量电流和监视电流，RN2 型熔断器用于保护电压互感器，熔断器额定电流 0.5A。

⑥ 211 为馈线柜（出线柜），用于控制变压器，211 开关为真空负荷开关，负荷侧装有保护变压器的高压熔断器，211 开关带有接地刀闸功能，高压熔断器与负荷开关装有熔断激发装置，熔丝熔断负荷开关跳闸，以防止变压器缺相运行，211 的负荷侧也装有三相带电指示器，用以指示开关运行状态。

⑦ 变压器为 SG8 型容量 630kV·A 干式变压器。

⑧ 低压总断路器 401（WD15）为抽开式安装。

⑨ 低压断路器 401 负荷侧装有 LMZ 型电流互感器监视运行电流，A 相另装有一个电流互感器是为了给功率因数补偿器提供监测电流。

⑩ 414 为 HR 型熔断开关，用以保护电容器组，L 电抗器是防止因系统出现谐振而造成电容器电流太大而毁坏。

⑪ KM 用于电容器投入和退出。

⑫ FR 是防止电容器过电流的。

(2) 10kV 移开式开关柜配电系统图示例

移开式开关柜型号有 KYN 型和 JYN 型，柜体分为四个独立小室，即断路器手车室（互感器手车室）、母线室、电缆室、继电器仪表室。开关设备的二次线与断路器手车的二次线连接是通过手动二次插头来实现。断路器手车只有在试验/断开位置时才能插上和解除二次插头，断路器手车处于运行位置时，由于机械联锁作用，二次插头被锁定，不能解除。

根据用途不同手车分为断路器手车、电压互感器手车、计量柜手车、隔离手车。图 6-18 是 10kV 移开式开关柜单电源单变

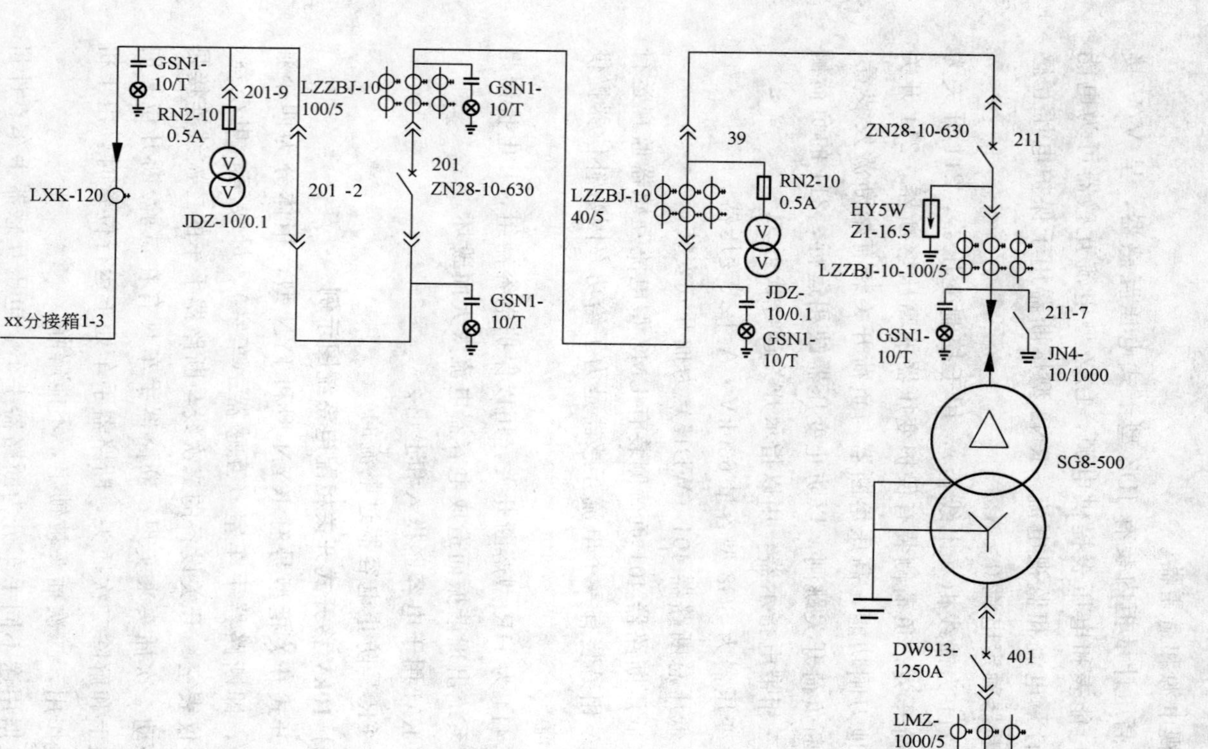

图 6-18 10kV移开式开关柜配电系统图

压器配电系统图。

断路器手车的车内装有断路器和操动机构，通过控制插头与二次控制回路连接，可以实现断路器的分合操作。检修时断路器手车可以全部的拉出。

电压互感器手车（201-9 或 202-9）与进线电源相连，手车上一般装有 V/V 接线的电压互感器和高压熔丝，电压互感器二次线通过控制插头与控制电路连接。更换互感器高压熔丝和检修时手车可以全部的拉出。

计量柜手车（44 或 55，单电源时为 33）是高压计量的专用装置，车内装有为计量专用的电流互感器和电压互感器，计量手车用户是无权操作的。

隔离手车是一种专门用于保证安全的隔离装置，隔离手车内没有任何电器只有连接线，隔离手车拉出时线路彻底断开。

为了便于监视运行，开关柜装有三相带电显示装置。

为了防止温度和湿度变化较大的气候环境产生凝露带来的危险，在断路器和电缆室别装设加热器，以防止开关柜在上述环境中使用时绝缘下降。

系统说明如下。

① 设备是 KYN 型中置式高压开关柜，本系统有四个开关柜，即进线 PT 柜 201-2、主进开关柜 201、计量柜 39 和出线柜 211。

② 电源是从供电系统的电缆分接箱 1 号电源 3 号闸接入的。

③ 进线电缆上接有 LXK 型零序电流互感器，用于监视高压对地绝缘，表明 10kV 供电系统为中性点经低电阻接地系统，站内高压对地绝缘损坏时能发出跳闸指令。

④ 进线 PT 柜 201-9 为电源侧电压互感器手车，手车上装有 LDZ 型干式电压互感器，接线形式为 V/V 接线，电压互感器采用 RN2 型熔断器用于保护，熔断器额定电流为 0.5A。

⑤ 电源侧装有三相带电指示器，201-2 为隔离手车。

⑥ 201 主进开关柜采用 ZN28 型真空断路器控制，断路器两侧的三相带电指示器，用以指示线路有无电压。

⑦ 39 计量柜，计量使用的电流互感器和电压互感器全安装在手车上，确保计量的可靠性。

⑧ 211 出线柜实用 ZN28 型真空断路器，额定电流 630A。

⑨ 断路器负荷侧的 HY 型氧化锌避雷器，是用于消除因真空断路器分合操作时过电压的。

⑩ 211-7 出线侧接地刀闸，211-7 与 211 之间的联锁装置，保证只有 211 在检修状态时才能操作。

⑪ 变压器为 SG 型干式变压器，容量 500kV·A。

⑫ GSN1-10/T 为 10kV 三相带电显示器，三相带电显示器指示灯灭可以表示线路无电。

⑬ 低压采用 DW19 型断路器作为低压电源的总保护开关。

(3) 固定式开关柜 10kV 单电源双变压器系统

固定式开关柜的型号是 GG-1A（F），这种固定式高压开关柜柜体宽敞，内部空间大，间隙合理、安全，具有安装维修方便、运行可靠等特点。主回路方案完整，可以满足各种供配电系统的需要。固定式高压开关柜的特点是有上下隔离开关，断路器固定在柜子中间，体积大，有观察设备状态的窗口。隔离开关与断路器之间装有联锁机构，合闸时先合上隔离开关，再合下隔离开关，最后合断路器。拉闸时先拉断路器，再拉下隔离开关，最后拉上隔离开关。固定式开关柜 10kV 单电源双变压器系统如图 6-19 所示。

GG-1A（F）型固定式高压开关柜是 GG-1A 型高压开关柜的改型产品，具有“五防”功能；高压开关柜适用于三相交流 50Hz，额定电压 3.6～12kV 的单母线系统，作为接受和分配电能之用。高压开关柜内主开关为真空断路器和少油断路器。

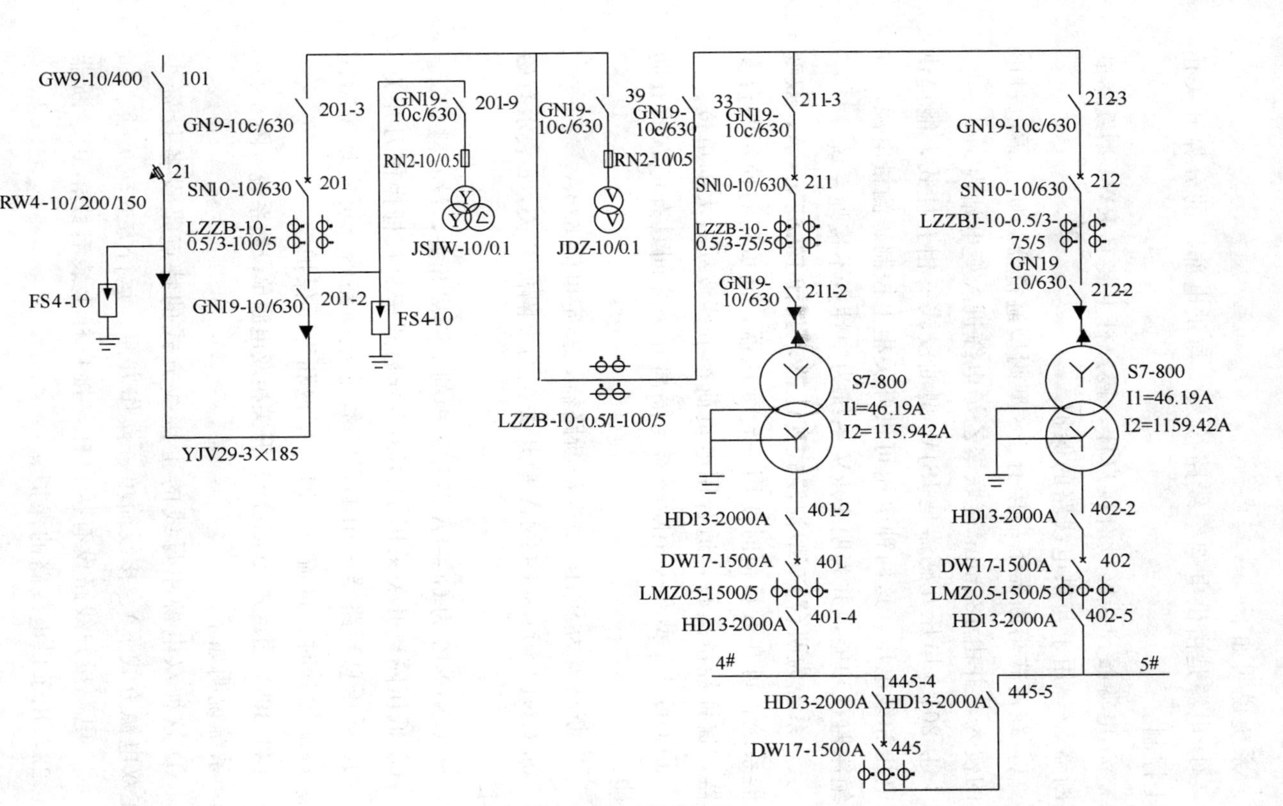

图 6-19 10kV GG-1A开关柜单电源双变压器系统图

系统说明如下。

① 电源是由供电架空线路接入，与供电部门的分界开关由101控制。

② 电源接户线路设有接户杆，接户杆上装有RW4型跌落式熔断器21，用于与供电线路的保护。

③ 跌落式熔断器下端接有FS型阀型避雷器，防止雷电过电压的侵入，并由185mm²交联聚乙烯电缆进入变电站内。

④ 201-9电压互感器是JSJW型油浸式三相五柱式，能提供相电压和线电压，这两种电压可供开关柜上控制、测量电源，并有绝缘监视功能，并表明10kV系统为中性点不接地系统。

⑤ 系统为两台S7型油浸式变压器，共计1600kV·A，双变压器系统，可在低负荷时使用一台变压器，高负荷时使用两台变压器，保证经济运行，适合用电负荷季节性波动较大的单位。

⑥ GG-1A型开关柜断路器与隔离开关之间具有可靠的五防功能。

⑦ 断路器为SN10型少油断路器，额定电流630A。

⑧ GN19-10c为GG-1A型开关柜的上隔离开关，c表示有磁套管。

⑨ GN19-10为GG-1A型开关柜的下隔离开关，没有磁套管。

⑩ 低压隔离开关采用HD13为开启式中央杠杆操作刀开关。

⑪ 低压总断路器采用DW17智能型断路器，可实现速断保护、过流短延时、过流长延时、接地和失压保护。

(4) 10kV固定式（GG-1A）**开关柜双电源单母线系统**（图6-20）系统说明如下。

① 这种双电源单母线的主接线方式的特点是设备投资少（在双电源方式下）、接线简单、操作方便、运行方式较灵活。

② 电源接户线路设有接户杆，接户杆上装有跌落式熔断器21、22，用于供电线路的保护。

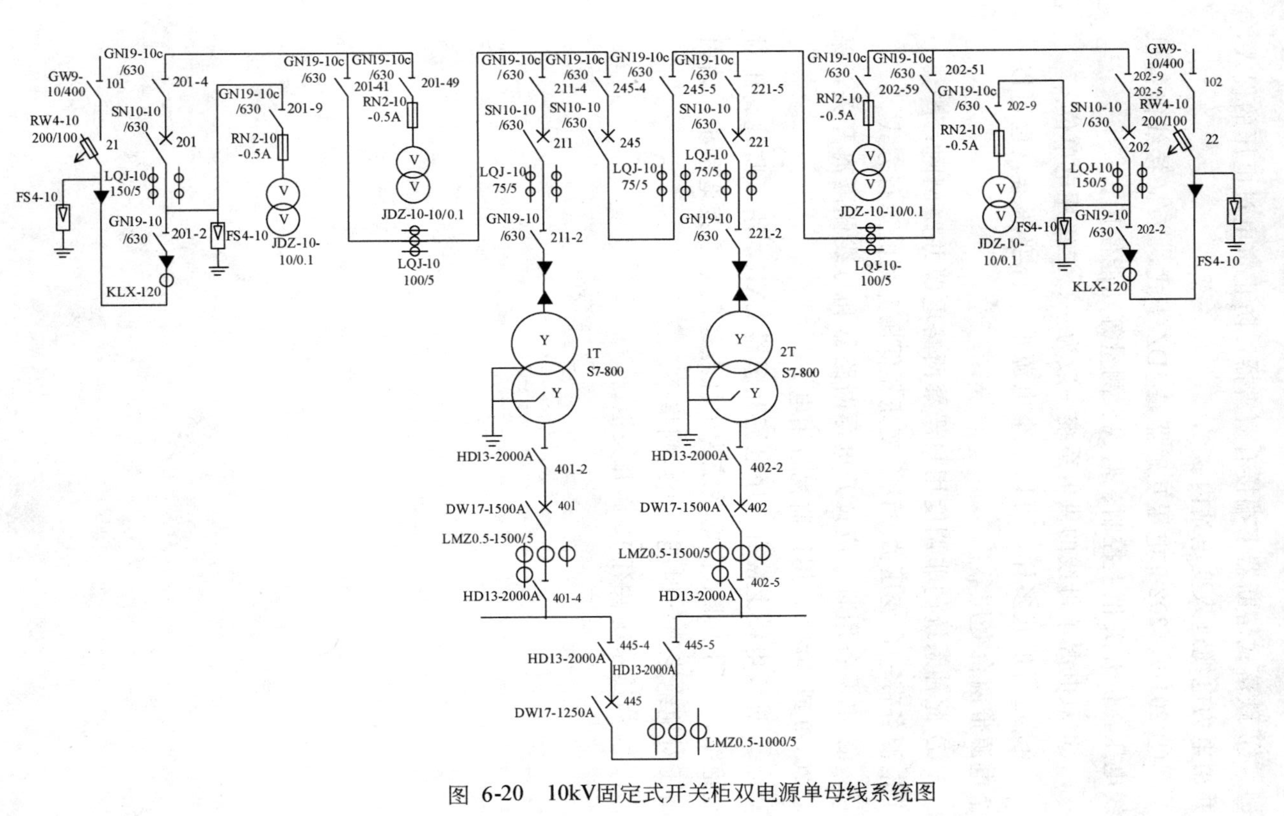

图 6-20 10kV固定式开关柜双电源单母线系统图

③ 跌落式熔断器下端接有避雷器，防止雷电过电压的侵入，并由电力电缆进入变电站内。

④ 201-9、202-9 电压互感器是 JDZ 干式，V/V 接线能提供线电压，供开关柜上控制、监视、测量等功能使用。

⑤ 双电源单母线的供电系统一般为一、二级用电单位。

⑥ 运行形式多样，可以一个电源带一台变压器，也可以一个电源带两台变压器。

⑦ 此种系统的非调度用户严禁两路电源并路倒闸；严禁一个电源各带一台变压器，两台变压器低压并列的运行方式。

⑧ 电源备用时，应拉开电源断路器和母线侧隔离开关，保留 201-9 或 202-9，用以监视备用电源。

⑨ 进线电缆上接有零序电流互感器 LXK，用于监视高压对地绝缘，表明 10kV 供电系统为中性点经低电阻接地系统，站内高压对地绝缘损坏时能发出跳闸指令。

⑩ 高压系统共有 10 面开关柜。

Chapter 7

第七章 信号（继电保护）电路图

信号电路（也称继电保护电路或二次线电气图）是用来指示一次电路的工作状态和一次设备的运行情况。在高压变配电所中，按信号电路的不同，常用的有位置信号、事故信号（也称指令信号）和预告信号三种。

一、位置信号

位置信号用来显示断路器或隔离开关的正常工作位置状态，一般用绿灯亮表示电源有电及断路器或隔离开关在分闸位置；用红灯亮表示断路器或隔离开关在合闸位置。

二、事故信号

事故信号用来显示运行设备在电路发生事故时的工作状态。当运行设备发生故障时，发出分闸指令，继电保护使断路器分闸时，绿灯闪光，继电器的“掉牌未复归”光字牌亮，同时事故信号音响装置蜂鸣器立即发出音响；当断路器自动故障合闸时，红灯闪光，同时，光字牌亮，蜂鸣器立即发出音响。

三、预告信号

预告信号用于一次设备出现不正常运行状态或故障初期时发出报警信号。例如，中性点不接地的电力系统发生单相接地故障时，我国有关规程规定，可允许继续运行 2h，但必须同时通过系统中装设的单相接地保护或绝缘监察装置发出报警信号或指示，以提醒值班人员注意并由运行维修人员立即采取措施，查找和消除接地故障。超过 2h 后，若单相接地故障仍未消除，则应将此故障线路切除。又如，电力变压器过负荷、轻气体动作等异常状态，由预告信号装置光字牌亮，警铃发出音响。在音响发出后，应手动或自动及时切断音响回路，使音响解除，以免干扰值班人员及运行维修人员进行处理；而光字牌显示仍应保留，直到异常状态消除为止。

四、继电器组成的继电保护电路分析

图 7-1 是 JYN 型高压开关柜二次线电气原理图，接在出线开关 211 的负荷侧。电路采用继电器组成的继电保护电路，断路器采用 CT 电磁合闸机构。图中的各种控制保护功能我们逐一分析。

电流测量回路［图 7-2］：电路采取三相式保护电路，电路中的电流互感器（以下简称 CT）其中一组 1TA 电流互感器二次绕组接电流表，负责监视电路运行状态，三个电流表和三个 CT 都呈星形连接，电流表所反映的为各相的线电流。

电流保护回路［图 7-2］：电流互感器另一组 2TA 电流互感器二次绕组，接了六个 DL 型电流继电器，1KA、2KA 为高定值，用于速断保护。3KA、4KA、5KA 为低定值，用于过流保护。6KA 接在 CT 二次回路的中性点上，用于零序电流保护。

试验位置合闸回路（图 7-3）：试验位置合闸是断路器在试验位置时检验断路器动作的，当断路器手车推至试验位置时，位置限位开关 8SQ 动作接通，操作试验按钮 SA，电路从控制母线＋

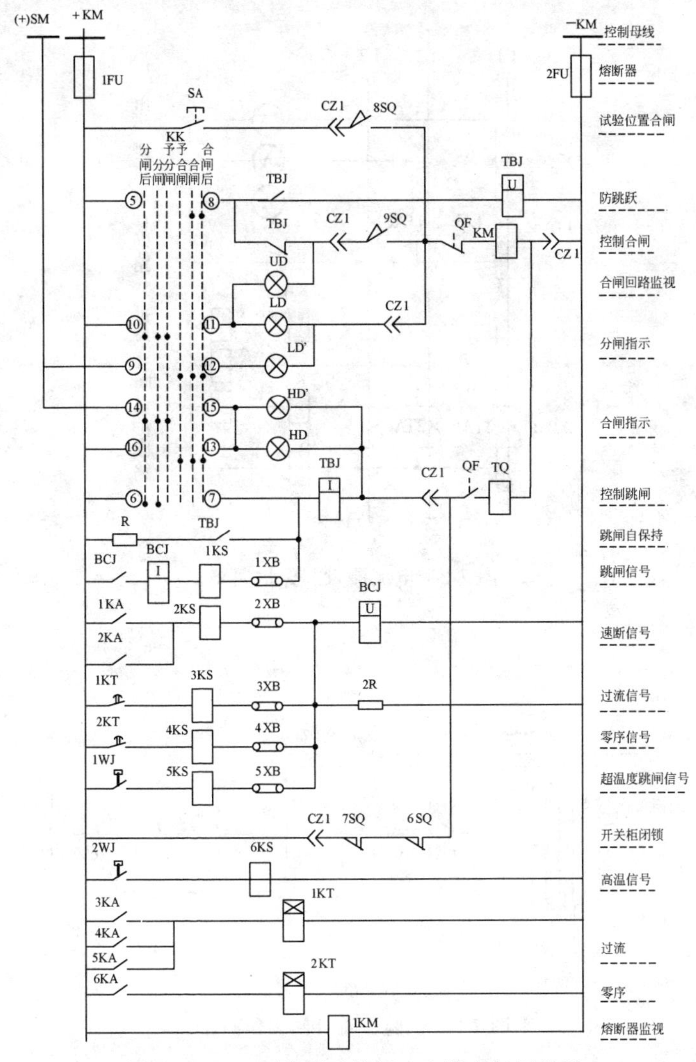

图 7-1　JYN 型高压开关柜二次线电气原理图

TA—电流互感器；KA—电流继电器；HQ—合闸电磁铁；CZ—连接插头；SA—试验合闸按钮；8SQ、9SQ—手车限位开关；KK—主令开关；TBJ—电流工作电压保持继电器；BCJ—电压工作电流保持继电器；KS—信号继电器；XB—跳闸压板；QF—断路器动作限位；KT—时间继电器；1KM—接触器；KM—合闸接触器；TQ—分闸线圈

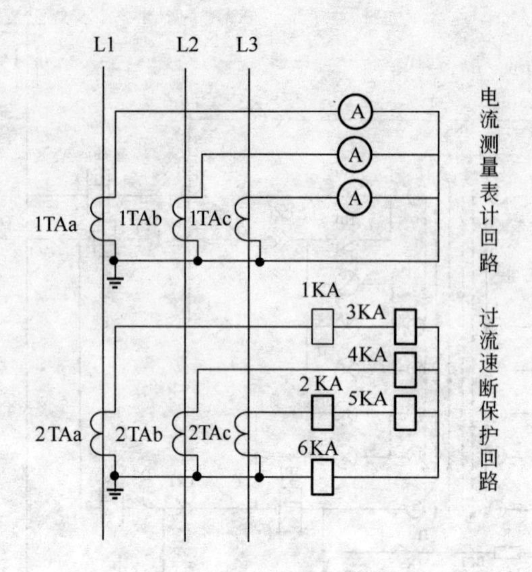

图 7-2 电流测量和保护回路

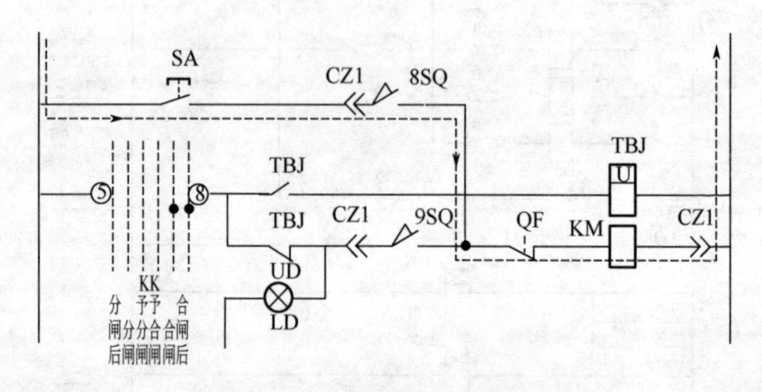

图 7-3 试验位置合闸工作回路

KM→熔断器 1FU→开关 SA→插头 CZ1→位置限位 8SQ→断路器辅助接点 QF→合闸接触器 KM→插头 CZ1→2FU→控制母线，形成动作回路。

防跳跃回路（图 7-4）：防跳跃保护是防止断路器动作跳闸后而跳闸信号未解除时，又发出了合闸命令造成断路器出现断、通、断的误动作，防跳跃功能采用了一个 ZGB-115 型保持式中间继电器（代号 TBJ 也称为防跳跃继电器），ZGB-115 继电器有两个线圈，一个电流线圈 I 接在跳闸回路，为工作线圈，另一个电压线圈 U 接在合闸线路。动作原理是，当断路器故障跳闸后，分闸回路中的 TBJ 继电器电流线圈有电流通过而吸合，TBJ 的接点动作，这时 UD 黄色指示灯亮，表示跳闸信号未复归。

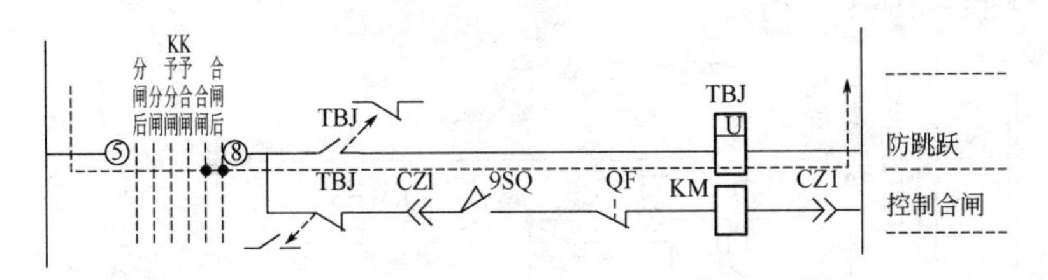

图 7-4　防跳跃回路

这时如果合闸操作，TBJ 的常开接点闭合，接通 TBJ 的电压线圈，TBJ 的常闭接点断开 KM 合闸线路，并且保持这种状态，使其不能合闸动作。

控制合闸回路（图 7-5）：控制合闸也是操作合闸，只有将断路器推至运行位置，这时 9SQ 运行位置限位开关闭合才可进行

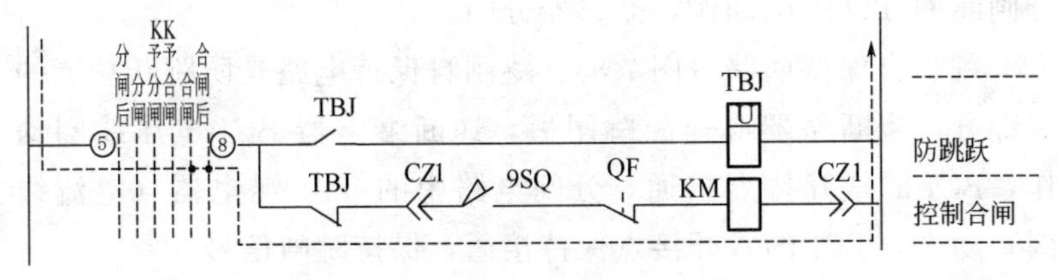

图 7-5　控制合闸工作回路

操作，电路从控制母线＋KM→1FU 熔断器→主令开关 KK5、8→TBJ 常闭→插头 CZ1→位置限位 9SQ→QF 常闭→合闸 KM→插头 CZ1→2FU 熔断器→控制－KM，形成动作回路。合闸接触器 KM 吸合，其主接点接通合闸电磁线圈［见图 7-1(c)］，合闸成功，断路器的辅助接点 QF 动作，QF 的常闭断开，合闸回路合闸动作完成，QF 的常开接点闭合，接通分闸回路，红灯 HR 亮。

合闸回路监视回路（图 7-6）：断路器分闸之后，开关 KK 的 10、11 两点接通，此时绿灯 LD 亮表示分闸，断路器辅助接点 QF 已经复位，黄灯 UD 亮表示断路器位置无误，二次连接插头连接良好。

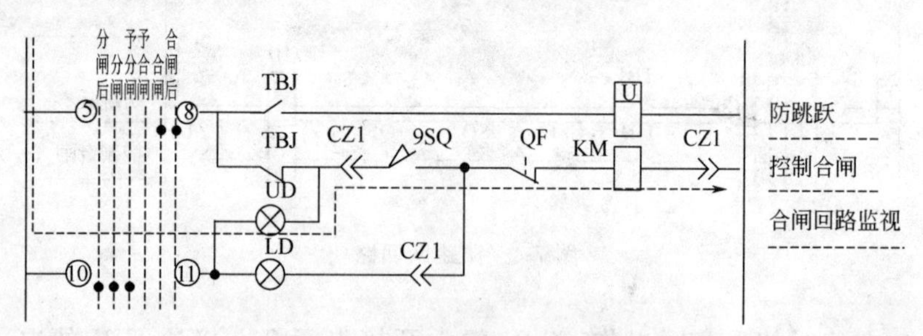

图 7-6　合闸回路监视回路

合闸指示回路（图 7-7）：当合闸成功时，开关 KK 的 16、13 接通电路，红灯 HD 亮。

控制分闸回路（图 7-7）：操作开关 KK 令 6、7 两点接通，分闸线圈 TQ 得电动作，断路器分闸。

跳闸自保持回路（图 7-8）：跳闸自保持电路是防跳跃功能的一部分，当断路器应速断跳闸后，速断继电器 BCJ 电压线圈动作，BCJ 的常开接点接通，分闸电路中的 TBJ 继电器（电流线圈）动作，TBJ 的常开接点保持接通，保持跳闸信号。

跳闸信号回路（图 7-8）：跳闸信号电路是由 BCJ 继电器常

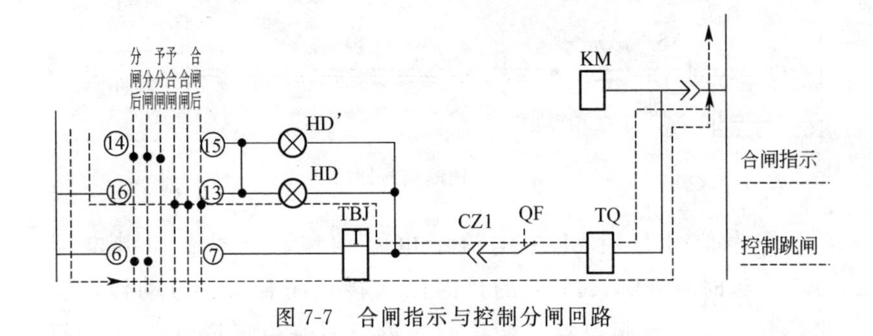

图 7-7 合闸指示与控制分闸回路

图 7-8 跳闸自保持和跳闸信号回路

开、BCJ 电流线圈、1KS 信号继电器、1XB 压板组成，当继电器 BCJ 电压线圈得电吸合后，BCJ 常开接点动作，信号继电器 1KS 应有电流流过而动作，发出跳闸信号（1KS 是电流型信号继电器）。

速断信号回路（图 7-9）：CT 二次保护回路中的 1KA、2KA 电流继电器应在故障电流大于定值时吸合动作，1KA、2KA 的常开接点闭合，接通 2KS 动作，发出速断跳闸信号。

信号回路（图 7-10）：包括了过流信号、零序电流信号、变压器超温信号。过流信号是由保护回路中的 3KA、4KA、5KA 电流继电器动作，接通时间继电器 1KT 延时，延时时间到，1KT 的延时闭合接点闭合，3KS 动作，发出信号并接通跳闸电

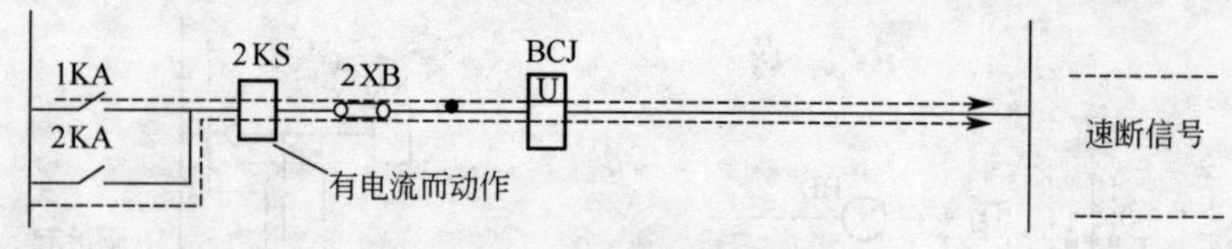

图 7-9　速断信号回路

路。零序信号是由 6KA 电流继电器动作，接通时间继电器 2KT，延时时间到，2KT 的延时闭合接点闭合，4KS 动作，发出信号并接通跳闸电路。变压器超温信号是由温度继电器 1WJ 应高温动作，1WJ 的常开接点闭合，接通 5KS，发出信号并接通跳闸电路。

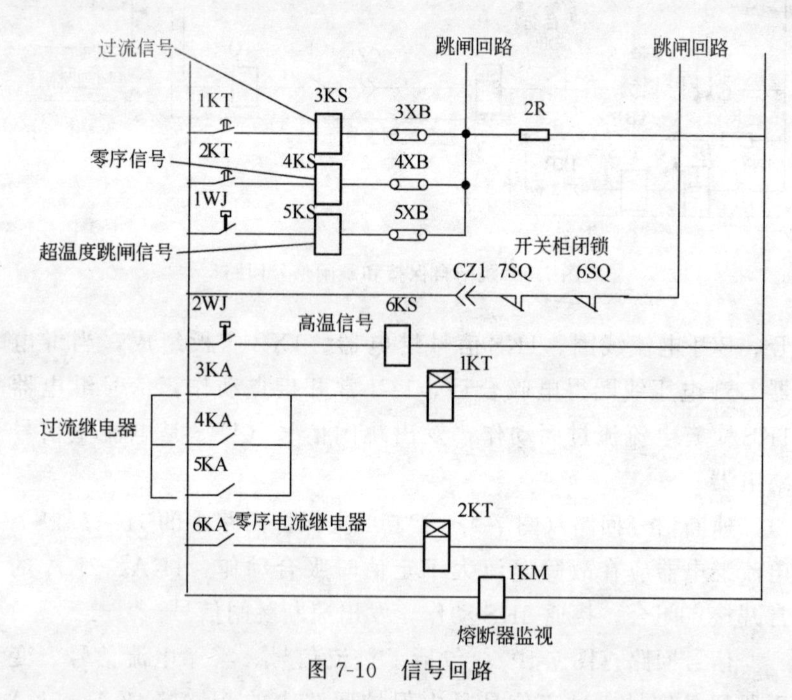

图 7-10　信号回路

开关柜闭锁：开关柜闭锁电路是保证断路器在运行位置、试验位置时，开关柜除断路器手车门、仪表室门以外的开关柜门不可打开，以防发生危险，7SQ、6SQ是装在门内的限位开关，门关闭良好时开关压下接点断开，当门打开时7SQ、6SQ接通发出跳闸命令。

合闸回路（图7-11）：合闸回路是一个独立的电路，由直流电源直接引入，合闸线圈HQ受合闸接触器KM的控制，合闸接触器KM吸合，KM的主接点闭合，HQ得电动作，FU1、FU2为合闸线圈的短路保护熔断器，熔丝可按合闸线圈电流的1/3～1/4选择。

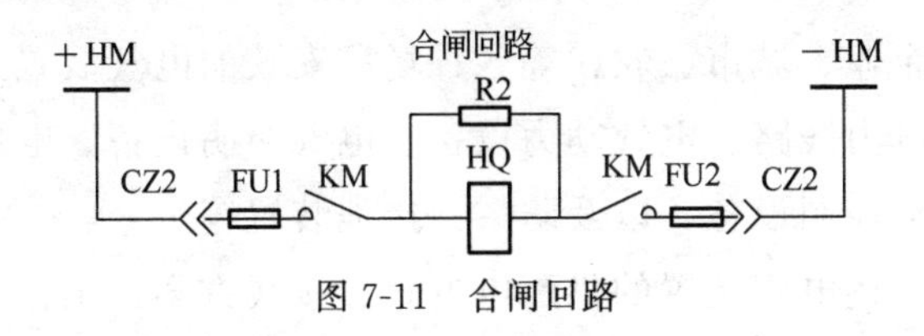

图7-11　合闸回路

第八章 建筑电气图

一、建筑电气安装图概述

工矿企业、城市、农村等各种场所安装的电气装置主要有变配电所、电力线路、电气动力设备、电气照明设备、电信设备和线路、自动控制设备，以及防雷、接地装置等。

表示上述电气装置的供配电方式、接线方案、工作原理、安装接线等，需要各种类型的图样。其中有一种常用的重要的电气图，即建筑电气安装图。

建筑电气安装图是表示电气装置、设备、线路在建筑物中的安装位置、连接关系及其安装方法的图。

二、建筑电气安装图的分类

1. 按表示方法分类

建筑电气安装图按表示方法可分为两种：一种是按正投影法表示，即按实物的形状、大小和位置，用正投影法绘制的图；另一种是用简图形式表示，即不考虑实物的形状和大小，只考虑其安装位置，按图形符号的布局对应于实物的实际位置而绘制的图，建筑电气安装图多数用简图表示。

2. 按表达内容分类

建筑电气安装图按表达内容可分为两种：一是平面图；二是断面图、剖面图。建筑电气安装图大多用平面图表示，只有当用平面图表达不清时，才按需要画出断面图、剖面图。

3. 按功能分类

（1）供电总平面图：标出建筑物名称及电力、照明容量，定出架空线的导线、走向、杆位、路灯等，电缆线路表示出敷设方法，标注出变、配电所的位置、编号和容量。

（2）高、低压供电系统图：见在第六章已详述的电气主接线图。

（3）变、配电所平面图：包括变、配电所高低压开关柜、变压器、控制屏等设备的平、剖面排列布置，母线布置及主要电气设备材料明细表等。

（4）动力平面及系统图：包括配电干线、滑触线、接地干线的平面布置；导线型号、规格、敷设方式；配电箱、启动器、开关等的位置；引至用电设备的支线（用箭头示意）。系统图应表示接线方式及注明设备编号、容量、型号、规格及负载（用户）名称。

（5）照明平面及系统图：包括照明干线、配电箱、灯具、开关的平面布置，并注明用户名称和照度；由配电箱引至各个灯具和开关的支线。系统图应注明配电箱、开关、导线的连接方式、设备编号、容量、型号、规格及负载名称。

（6）自动控制图：包括自动控制和自动调节的框图或原理图，控制室平面图（简单自控系统在设计说明书中说明即可），标明控制环节的组成、精度要求、电源选择、控制设备和仪表的型号规格等。

（7）电信设备安装平面图：如电话、闭路电视、共用天线、信号设备平面图。

（8）建筑物防雷接地平面图：包括顶视平面图（对于复杂形状的大型建筑物，还应绘制立面图，注出标高和主要尺寸）；避雷针、避雷带、接地线和接地极平面布置图，材料规格，相对位置尺寸；防雷接地平面图。

（9）表格：主要设备材料表（清册）。

三、动力和照明工程图的标注

建筑电气图的种类很多，在这里主要给大家介绍在工作中应用最多的动力和照明图。表示建筑物内动力、照明设备和线路平面布置的电气工程图，称为动力和照明平面图。动力和照明平面图主要表示动力和照明线路、设备，如电动机、照明灯具、室内固定用电器具、插座、电扇、配电箱、控制开关的安装位置和接线等。动力和照明通常是分开表示的。建筑物不同标高的楼层平面要分别画出每层的动力、照明平面布置图。

要看懂动力和照明图，应首先了解动力和照明线路的表示方法，动力和照明线路在平面图上采用图线和文字符号相结合的方法，表示线路的走向、导线的型号、规格、根数、长度及线路配线方式、线路用途等。

导线的安装方法有多种多样，在建筑电气图中导线的安装方式是采用符号标注的形式注明安装要求的，表 8-1～表 8-5 是导线各种安装方式的文字标注表。

表 8-1 导线安装方式的文字标注

序号	名称	文字符号	序号	名称	文字符号
1	导线或电缆穿焊接钢管敷设	SC	7	用钢线槽敷设	SR
2	穿电线管敷设	TC	8	用电缆桥架敷设	CT
3	穿硬聚氯乙烯管敷设	PC	9	用瓷夹板敷设	PL
4	穿阻燃半硬聚氯乙烯管敷设	FPC	10	用塑料夹敷设	PCL
5	用绝缘子敷设	K	11	用蛇皮管敷设	CP
6	用塑料线槽敷设	PR	12	用阻燃塑料管敷设	PVC

表 8-2 导线安装部位的文字标注

序号	名称	文字符号	序号	名称	文字符号
1	沿钢索架设	SR	7	暗敷设在梁内	BC
2	沿屋架或跨屋架敷设	BE	8	暗敷设在柱内	CLC
3	沿柱或跨柱敷设	CLE	9	暗敷设在墙内	WC
4	沿墙面敷设	WE	10	暗敷设在地面或地板内	FC
5	沿天花面或顶棚面敷设	CE	11	暗敷设在屋面或顶板内	CC
6	在人能进入的吊顶内敷设	ACE	12	暗敷设在不能进人的吊顶内	ACC

表 8-3 灯具的类型标注方法

名称	符号	名称	符号	名称	符号	名称	符号
普通吊灯	P	吸顶灯	D	卤钨灯	L	防水防尘灯	F
壁灯	R	柱灯	Z	投光灯	T	搪瓷伞罩灯	S
花灯	H	荧光灯	Y	一般灯具	G		

表 8-4 灯具安装方式的标注方法

名称	符号	名称	符号	名称	符号
吊链	C	线吊	WP	嵌入	R
吊管	G	吸顶	—	壁装	W

表 8-5 500V 以下配电、动力与照明用绝缘电线的型号种类

型号	名称	主要应用范围
BV	聚氯乙烯绝缘铜芯线	用于交流额定电压 500V 以下的电气设备和照明装置的场所，其中 BVR 型软线适合于要求比较柔软电线的场所使用
BVR	聚氯乙烯绝缘铜芯软线	
BVV	聚氯乙烯绝缘、聚氯乙烯护套铜芯线	
BLVR	聚氯乙烯绝缘铝芯线	
RVB	聚氯乙烯绝缘平行连接软线	用于交流额定电压 250V 及以下的移动式日用电器的连接
RVS	聚氯乙烯绝缘双绞连接软线	
RVZ	聚氯乙烯绝缘、聚氯乙烯护套连接软线	用于交流额定电压 500V 及以下的移动式日用电器的连接
RFB	丁腈聚氯乙烯复合物绝缘线	用于交流 250V 或直流 500V 及以下的各种日用电器照明灯座和无线电设备等连接线
RFS	丁腈聚氯乙烯复合物绞型线	

续表

型号	名称	主要应用范围
RHF	氯丁橡胶软线	用于250V户外或户内小型电气工具的连接
BLXF	铝芯氯丁胶皮绝缘软线	交流电压500V及以下，直流电压1000V及以下的农村和城市户内外架空、明敷、穿管固定敷设的照明及电气设备电路

四、电力设备和线路的标注方法

1. 用电设备在图中的标注格式

$$\frac{a}{b}或\frac{a}{b}\frac{c}{d}$$

字母含义分别为a——设备编号；b——额定功率（kW）；c——线路首端熔断片或断路器脱扣电流（A）；d——标高（米）。

例如，某电动机标注为$\frac{W121}{7}$，其含义是，设备编号为W121，电动机额定功率为7kW。

2. 电力和照明设备标注格式

$$a\frac{b}{c}$$

字母含义分别为a——设备编号；b——设备型号；c——设备功率（kW）。

例如，一配电箱标注为AL1 $\frac{XL\text{-}15\text{-}7000}{25}$，其含义是，设备

编号 AL1，型号为“XL-15-700”，功率为 25kW。

3. 开关及熔断器标注格式

$$a\frac{b}{c/i}$$

字母含义分别为 a——设备编号；b——设备型号；c——额定电流（A）；i——整定电流（A）。

例如，某开关标注为 $D411\frac{DW913}{1250/2500}$，其含义是，开关编号 D411，型号为 DW913 断路器，额定电流 1250A，脱扣电流 2500A。

4. 照明变压器标注格式

$$a/b\text{-}c$$

字母含义分别为 a——一次电压（V）；b——二次电压（V）；c——额定容量（V·A）。

例如，一台照明变压器标注为 220/36-500，其含义是，变压器一次电压 220V，二次电压 36V，变压器容量 500V·A。

5. 照明灯具标注格式

灯具一般安装：$a\text{-}b\frac{c\times d}{e}f$；灯具吸顶安装：$a\text{-}b\frac{c\times d}{-}$

字母含义分别为 a——灯数；b——型号或编号；c——每盏灯的灯泡数量；d——灯泡容量（W）；e——灯泡高度（m）；f——安装方式。

例如，某照明器具标注为 $4\text{-}Y\frac{2\times 40}{3.5}C$，其含义是，有 4 个灯具，每个灯具内有 2 盏 40W 荧光灯，吊链安装，对地高度为 3.5m。

6. 电缆与其他设备交叉点标注格式

$$\frac{a\text{-}b\text{-}c\text{-}d}{e\text{-}f}$$

字母含义分别为 a——保护管根数；b——保护管直径（mm）；c——管长（m）；d——地面标高（m）；e——保护管的埋深（m）；f——交叉点的坐标。

7. 线路标注的一般格式

a-d(e×f)-g-h

字母含义分别为 a——线路编号或功能的符号；d——导线型号；e——导线根数；f——导线截面；g——导线的敷设方式符号（见表 8-1）；h——导线敷设部位符号（见表 8-2）。

例如，插座导线的标注为 WL3-BV-4×4-SC20-FC，其含义是，表明插座的导线编号为 WL3，聚氯乙烯绝缘铜线，4 根 $4mm^2$，穿在管径为 20mm 的钢管中沿地面敷设。

（e×f）中，如有不同截面，应分开表示。其中相线、中性线截面前不注文字符号，但保护线及保护中性线要另注 PE、PEN 符号，如 3-BLV-500（3×25＋1×16＋PE16)-SC32-WE，表示第 3 号线路，导线型号为额定电压 500V 的铝芯塑料绝缘线，共有 5 根导线，3 根电源线截面为 $25mm^2$，中性线为 $16mm^2$，保护线截面也为 $16mm^2$，穿内径为 32mm 的焊接钢管沿墙明敷。

五、建筑图中的电器符号

建筑电气平面图用的图形符号主要用来表示电力照明、线路设施等，常用图形符号见表 8-6 所示。这些符号均摘自国家标准颁布的《电气简图用图形符号》。

表 8-6 建筑电气平面图常用的电器图形符号

名称	图形符号	实物	名称	图形符号	实物
动力配电箱			花灯		
照明配电箱			防水防尘灯		
单极明装开关			壁灯		
单极暗装开关			天棚灯		
双极开关			荧光灯		
风扇调速开关			明装三孔插座		

续表

名称	图形符号	实物	名称	图形符号	实物
风扇			暗装三孔插座		
灯的一般符号					

六、建筑电气图示例

1. 照明工程图

照明工程图主要包括照明电气系统图、照明平面图及照明配电箱安装图等，本部分只讲解照明电气系统图及照明平面图。

(1) 照明电气系统图

照明电气系统图上需要表达以下几个内容。

一看：架空线路（或电缆线路）进线的路数、导线或电缆的型号、规格、敷设方式及穿管直径。

二看：总开关及熔断器的型号规格，出线回路数量、用途、用电负载功率数及各条照明支路的分相情况。图 8-1 为某建筑的照明供电系统图，各回路采用的是 DZ 型低压断路器，其中 N1、N2、N3 线路用三相开关 DZ10-50/310，其他线路均用 DZ10-50/110 型单极开关。为使三相负载大致均衡，N1～N10 各线路的电源基本平均分配在 L1、L2、L3 三相中。

三看：用电参数，照明电气系统图上应表示出总的设备容量、需要系数、计算容量、计算电流、配电方式等，也可以列表表示。图 8-1 中，设备容量为 $P=20.05$kW，每相计算负荷 $P_N=7$kW，计算电流 $I_N=30$A。导线为 BV-500（3×16＋1×10)-TC50-WE（为 500V 绝缘铜导线 3 根 16mm²加 1 根 10mm²，直径 50mm 电线管沿墙面敷设）。

四看：技术说明、设备材料明细表等。

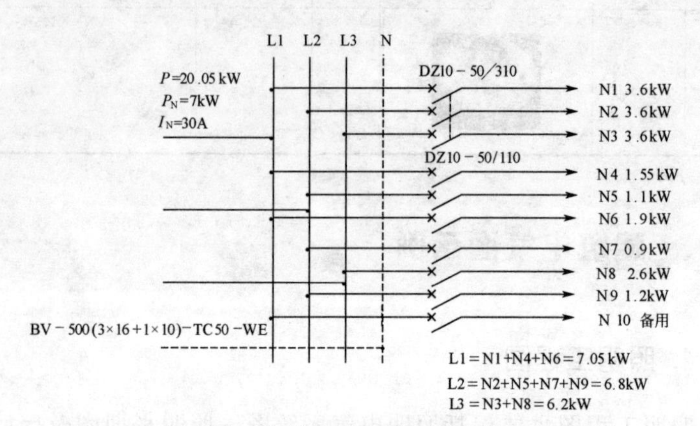

图 8-1 照明供电系统图示例

(2) 照明平面图

照明平面图上要表达的主要内容有电源进线位置，导线型号、规格、根数及敷设方式，灯具位置、型号及安装方式，各种用电设备（照明分电箱、开关、插座、电扇等）的型号、规格、安装位置及方式等。

图 8-2 为某建筑电气照明平面图，图 8-3 为其供电的系统图，表 8-7 是负荷统计表。

建筑电气平面图的识读要点如下。

① 建筑平面的概况，为了清晰的表明线路、灯具、开关、插座的布局，图中按比例用细实线简略地绘制出了该建筑的墙体、门窗、楼梯的平面结构，至于具体尺寸，可查阅相应的土建图。

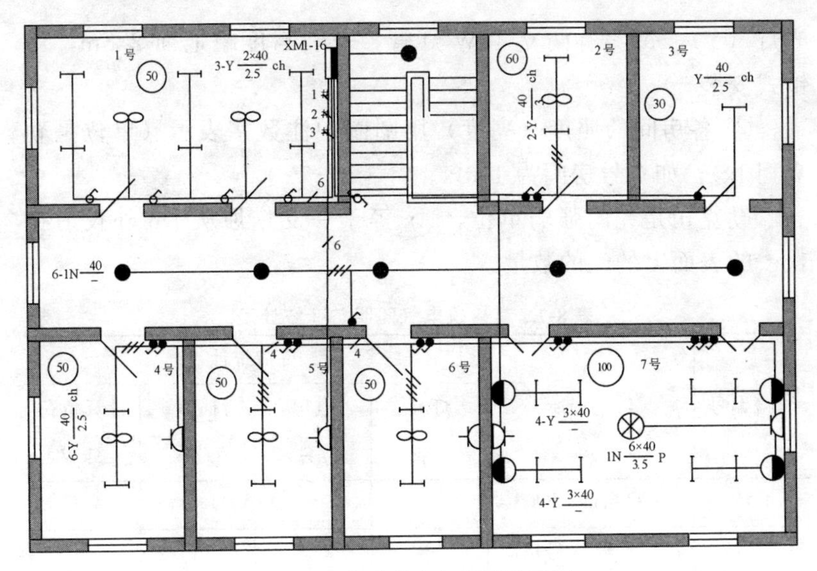

图 8-2　某建筑电气照明平面图

② 从供电系统图可以看出，该楼层电源引自第二层，由直径 25mm 金属电线管，穿 3 根 $6mm^2$ 的独股铜导线引入，单相交流 220V，经配电箱 XM1-16 分成 3 条支路，送到 1～7 号各室，断路器 C45-10 是电源总开关，各分路开关为 C45-3 断路器，各支路采用 $2.5mm^2$ 铜线，用直径 20mm 穿硬聚氯乙烯管墙内暗设。

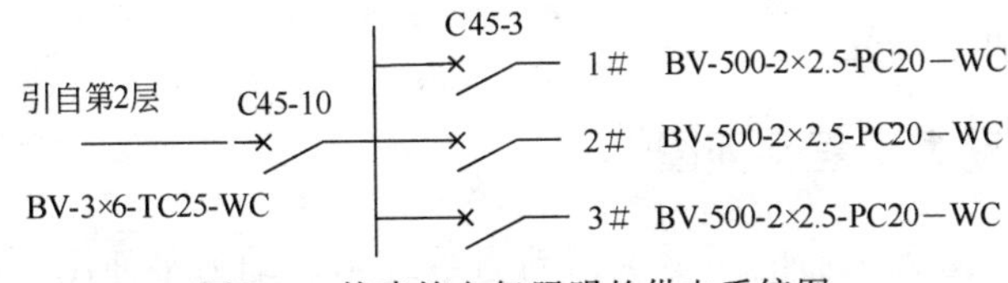

图 8-3　某建筑电气照明的供电系统图

③ 灯具的安装方式有吊链式（ch）、管吊式（P）、吸顶式（S）、壁式（W）等。例如，3-Y $\frac{2\times40}{2.5}$ ch，表示该房间有 3 盏日

光灯（Y），每盏有两支 40W 灯管，安装高度距地面 2.5m，吊链式安装。

④ 各房间的照度（亮度）用圆圈中注数字表示（单位是勒克司 lx），如 7 号房间为 100lx。

勒克司是光的强弱单位，1lx 等于一支蜡烛从 1m 外投射在 $1m^2$ 的表面上的光的数量。

表 8-7　某建筑电气照明负荷统计表

线路编号	供电场所	负荷统计			
		灯具/个	电扇/只	插座/个	计算负荷/kW
1号	1号房间,走廊	9	2		0.41
2号	4号、5号、6号房间	6	3	3	0.42
3号	2号、3号、7号房间	12	1	2	0.48

⑤ 照明电路的分解，图 8-4 是 5 号房间中电路的分解，在图中导线标注是 4 条，这 4 条线是照明、风扇的电源各 1 条，公共零线 1 条，保护线 1 条，照明电源线做分支接入照明开关，经开关出一条照明的相线，也叫开关回线接灯具，风扇电源线做分支接入风扇开关，经开关出一条风扇的相线，也叫风扇回线接风扇，零线和保护线也做分支头，接灯具和风扇作为工作零线，保护线接风扇外壳。

2. 动力工程平面图

动力工程平面图通常包括动力系统图、动力平面图、电缆平面图等，此部分只讲解动力系统图及动力平面图。

(1) 动力系统图

在动力系统图中，主要表示电源进线及各引出线的型号、规格、敷设方式，动力配电箱的型号、规格，开关、熔断器等设备

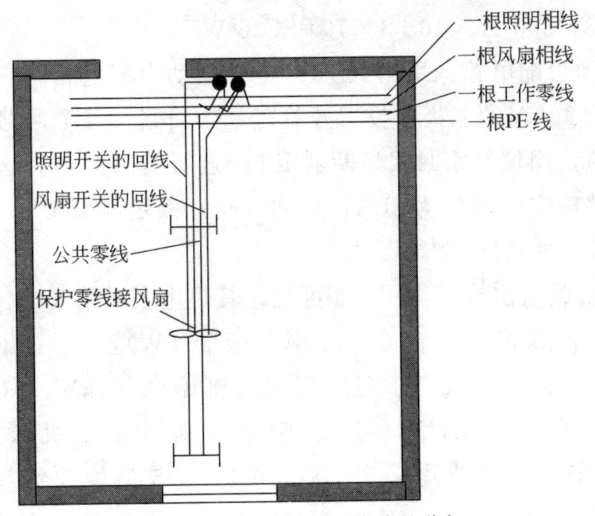

图 8-4　5 号房间照明线路的分解

的型号、规格等。

图 8-5 为某工厂机械加工车间 11 号动力配电箱的系统图。具体说明如下。

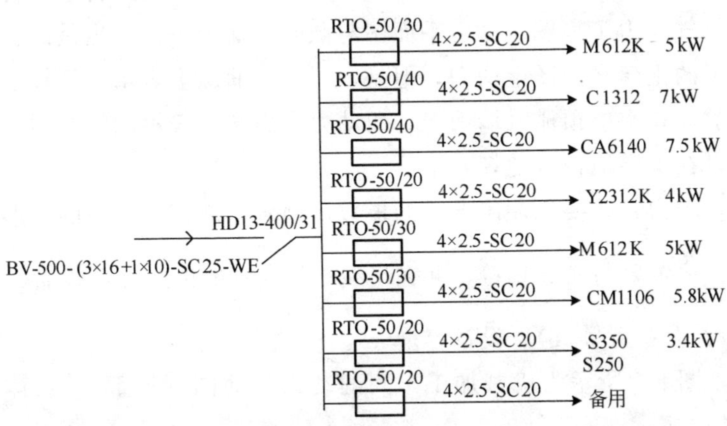

图 8-5　某工厂机械加工车间 11 号动力配电箱的系统图

① 电源进线：电源由 5 号动力配电箱 XL-15-6000 引来，引

入线为 BV-500-(3×16+1×10)-SC25-WE。

② 动力配电箱：采用 XL-15-8000 型动力配电箱。它采用额定电流为 400A 的三极单投刀开关有 8 个回路，每个回路额定电流为 60A，用填料密封式熔断器 RTO 进行短路保护。这里采用的是熔件额定电流均为 50A，熔体（丝）额定电流分别为 20A、30A、40A 的 RTO 型熔断器。

③ 负载引出线：由图 8-5 可见，其供电负载有 1 台 CA6140 型车床（7.5kW），1 台 C1312 型车床（7kW），2 台 M612K 型磨床（2×5kW），及 Y2312K 型滚齿机 1 台（4kW），CM1106 型车床 1 台（5.8kW），S250、S350 型螺纹加工机床各 1 台（2×1.7kW）。导线均采用 BX-500-4×2.5 型橡胶绝缘导线，每根截面为 $2.5mm^2$，穿内径为 20mm 的焊接钢管埋地坪暗敷。

(2) 动力平面图

动力平面图是用来表示电动机等各类动力设备、配电箱的安装位置和供电线路敷设路径及方法的平面图。它是用得最为普遍的电气动力工程图。动力平面图与照明平面图一样，也是画在简化了的土建平面图上的图，但是，照明平面图上表示的管线一般是敷设在本层顶棚或墙面上，而动力平面图中表示的管线通常是敷设在本层地板（地坪）中。

动力管线要标注出导线的根数及型号、规格，设备的外形轮廓，位置要与实际相符，并在出线口按 $a\frac{b}{c}$ 的格式标明设备编号(a)、设备型号(b)、设备容量(c)。

图 8-6 所示为机械加工车间的动力平面图（局部）。具体说明如下。

① 电源进线：该车间电源进线为 VV29-1kV（3×35+1×10）SC70 电力电缆，埋地暗敷，引入到总配电箱，再逐级放射

引到其他各动力配电箱。本动力配电箱的进线电源导线为 BV-500-(3×16+1×10)-SC25-WE。

② 动力配电箱画出了各车床、磨床、钻床、滚齿机等的外形轮廓和平面位置，标注了设备编号、型号及容量（kW）。导线均为 BV-4×2.5-SC20-WC。

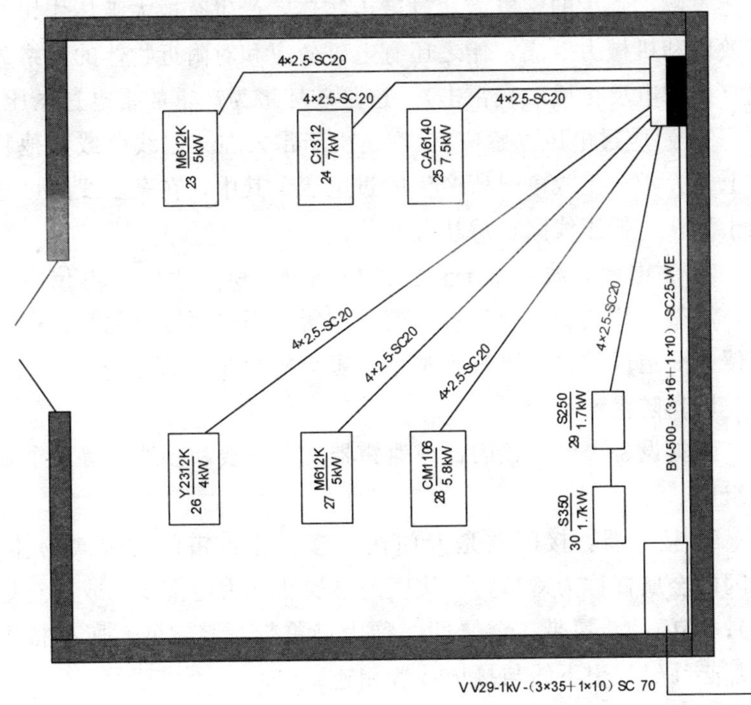

图 8-6　机械加工车间的动力平面图（局部）

3. 防雷平面图

(1) 雷电过电压

雷电过电压又称大气过电压，它是由于电力系统内的设备或构筑物遭受直接雷击或雷电感应而产生的过电压。

雷电过电压所产生的雷电冲击波的电压幅值可高达上亿伏，电流幅值可高达几十万安，因此，它对电力系统和人员危害极大，必须采取措施加以防护。

雷电过电压的基本形式有三种。

① 直击雷过电压（直击雷）：雷电直接击中电气设备、线路或建筑物，强大的雷电流通过被击物体，产生有极大破坏作用的热效应和机械力效应，伴之还有电磁效应和对附近物体的闪络放电（即雷电反击或二次雷击）。这是破坏最为严重的雷电过电压。

② 感应过电压（感应雷）：是由于雷云在架空线路或其他物体上方，雷云主放电时所产生的过电压。其中，在高压线路可达几十万伏，低压线路也可达几万伏。

③ 雷电侵入波：由于直击雷或感应雷所产生的高电位雷电波，沿架空线或金属管道侵入变配电所或用户而造成危害。由雷电侵入波造成的雷害事故占整个雷害事故的50%以上。

（2）防雷设备

防雷设备一般由接闪器或避雷器、引下线和接地装置三个部分组成。

① 接闪器：接闪器是专门用于接受直击雷闪的金属物体。接闪的金属杆称为避雷针；接闪的金属线称为避雷线（或架空地线）；接闪的金属带、金属网，称为避雷带、避雷网。所有接闪器都必须经过引下线与接地装置相连。

a. 避雷针：避雷针一般用镀锌圆钢或镀锌焊接钢管制成。按规范规定，其直径不得小于下列数值。

针长1m以下，圆钢为12mm，钢管为20mm；针长1～2m，圆钢为16mm，钢管为25mm；烟囱顶上的针，圆钢为20mm。

避雷针通常安装在构架、支柱或建筑物上，其下端经引下线与接地装置焊接。

b. 避雷线：避雷线架设在架空线路的顶部，用以保护架空线路或其他物体（包括建筑物）等狭长被保护物免遭直击雷侵害。避雷线既架空又接地，故又称架空地线。

10kV及以下架空线路不装设避雷线；35kV架空线路只部分装设避雷线；110kV及以上架空线路需全线架设避雷线。

c. 避雷带和避雷网：避雷带和避雷网普遍用来保护较高的建筑物免受直击雷击。避雷带一般沿屋顶周围装设，高出屋面100～150mm，支持卡间距1～1.5m。装在烟囱、水塔顶部的环状避雷带又叫避雷环。避雷网除沿屋顶周围装设外，必要时屋顶上面还用圆钢或扁钢纵横连成网，如图8-7所示。

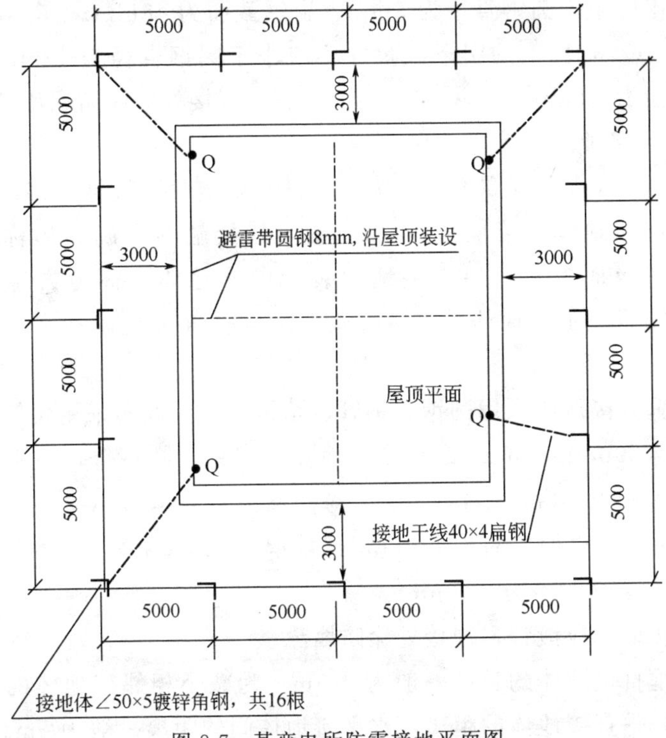

图8-7　某变电所防雷接地平面图

避雷带和避雷网采用圆钢或扁钢（一般采用圆钢），其尺寸不应小于圆钢直径为 8mm、扁钢截面为 $48mm^2$、扁钢厚度为 4mm。烟囱顶上的避雷环尺寸不应小于圆钢直径 12mm、扁钢截面 $100mm^2$、扁钢厚度 4mm。在布置接闪器时，应优先采用避雷网或避雷带。

② 避雷器：避雷器用来防止雷电所产生的大气过电压沿架空线路浸入变电所或其他建筑物内，危及被保护设备的绝缘。

③ 引下线：引下线是将接闪器（或避雷器）与接地装置相连接的导体。

引下线采用镀锌圆钢或镀锌扁钢（一般采用镀锌扁钢），其尺寸不应小于圆钢直径为 8mm、扁钢截面为 $48mm^2$、扁钢厚度为 4mm。烟囱上的引下线尺寸不应小于圆钢直径为 12mm、扁钢截面为 $100mm^2$、扁钢厚度为 4mm。焊接处应涂防腐漆。

④ 接地

电气设备的某部分与土壤之间的良好电气连接称为接地。

a. 接地体（接地板）：与土壤直接接触的金属物体称为接地体或接地极。专门为接地而装设的接地体，称为人工接地体。按照人工接地体的安装方式，又有垂直接地体和水平接地体两种。

垂直接地体采用圆钢、钢管、角钢等，一般多采用角钢（通常用∟50mm×5mm）；水平接地体用扁钢、圆钢等，一般用扁钢（通常 40mm×4mm）。人工接地体的尺寸不应小于圆钢直径为 10mm、扁钢截面为 $100mm^2$、扁钢厚度为 4mm、角钢厚度为 4mm、钢管壁厚为 $3.5mm^2$。

接地体应镀锌，焊接处涂防腐漆。

垂直接地体的长度一般为 2.5m。为减小相邻接地体的屏蔽效应，垂直接地体的距离及水平接地体间的距离一般为 5m。

接地体埋设深度不宜小于 0.7m（不得小于当地冻土层深度）。

b. 接地线：连接接地体与设备接地部分的导线称为接地线。

接地线又分为接地干线和接地支线，一般采用镀锌或涂防腐漆的扁钢、圆钢，接地干线尺寸应大于支线尺寸。连接处不少于三方焊接。焊接处涂防腐漆。

c. 接地装置：接地线和接地体合称接地装置。

d. 接地网：由若干接地体在大地中互相连接而组成的总体，称为接地网。

按规定，接地干线应采用不少于两根导体在不同地点与接地网连接。

4. 电气接地平面图

用图形符号绘制以表示电气设备和装置与接地装置相连接的平面简图称为电气接地平面图。

(1) 接地的类型

电力系统和设备的接地按其功能分为工作接地和保护接地两类。

① 工作接地：在电力系统中，凡因电气运行所需要的接地称为工作接地，如电源中性点的直接接地（例如 Y，yn0 即旧标准为 Y/Y_0-12 的降压变压器中性点直接接地）、防雷设备的接地等。电源中性点直接接地，能在运行时维持三相系统中相线对地电压不变，并易于取得线、相两种电压和接入单相设备。防雷设备接地是为了实现对地释放雷电流。

② 保护接地：为保障人身安全并防止间接触电而将正常情况下不带电、事故情况下可能带电的设备的外露可导电部分进行接地称为保护接地。保护接地的形式有两种：一种是设备的外露可导电部分经各自的 PE 线分别直接接地；另一种是设备的外露可导电部分经公共的 PE 线或 PEN 线接地。

按规定，1kV 以下系统与总容量在 100kV·A 以上的发电机或变压器相连的接地装置，其工作接地电阻值应不大于 4Ω；

第三类防直击雷建筑物的冲击接地电阻值不大于 30Ω。共用接地装置时，以满足各电阻值中最小值为准。

(2) 接地平面图

图 8-8 所示为某单位变电所接地平面布置图。

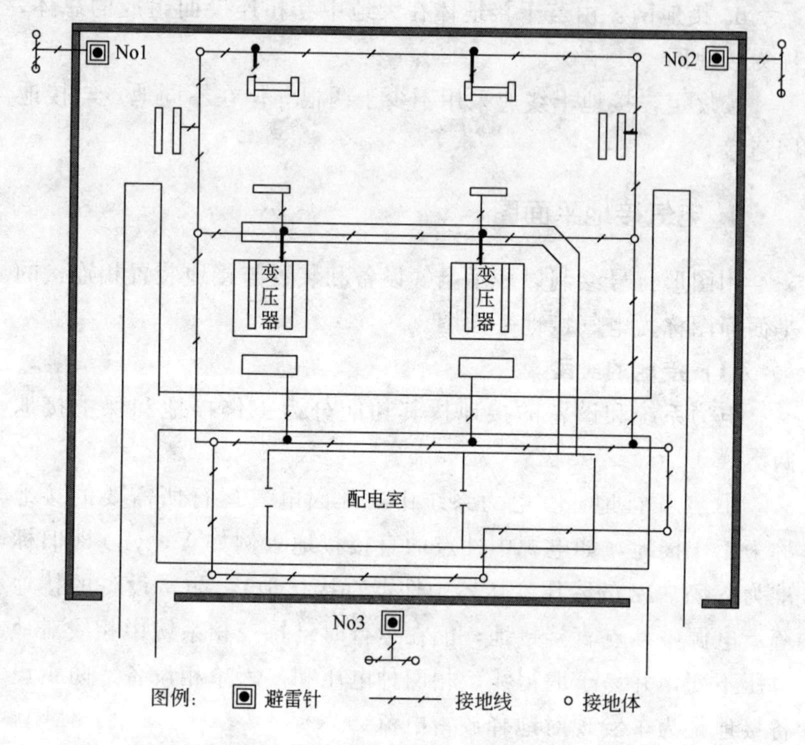

图 8-8 某单位变电所接地平面布置图

① 室内接地干线及接地支线均用加短斜横线表示。其中，接地干线安装在离地高 0.3m（贴脚线）处墙上，与室外接地网相连。在变压器、电缆构架、电缆支架和高压开关柜等设备、构架的外露可导电部分，为安全起见，均经接地支线与接地干线相连。

② 变压器利用基础扁钢、高压开关柜利用基础槽钢做接地线。

③ 为可靠起见，变压器、高压开关柜及低压配电屏等重要设备、装置，要有两根互相独立的接地支线与接地干线相连接。变压器中性点应单独直接接地。

④ 室内外接地线均用镀锌扁钢。考虑到腐蚀，室外接地线截面应大于室内接地线，采用的是 40mm×4mm 镀锌扁钢。

参考文献

［1］ 杨伟．电气控制图识读快速入门．北京：化学工业出版社，2010.

［2］ 耿淬．电工应用识图．北京：高等教育出版社，2011.

［3］ 刘介才．工厂供电．北京：机械工业出版社，1991.